ICO

Initial Coin Offering

TGE

Token Generation Event

ICO STO 스타트업 펀드레이징의 새로운 대안

암호화폐 발행해서 블록체인 사업하기

이 도서의 국립중앙도서관 출판예정도서목록(CIP)은
서지정보유통지원시스템 홈페이지(http://seoji.nl.go.kr)와
국가자료종합목록 구축시스템(http://kolis-net.nl.go.kr)에서
이용하실 수 있습니다. (CIP제어번호 : CIP2019023930)

ICO STO 스타트업 펀드레이징의 새로운 대안

암호화폐 발행해서 블록체인 사업하기

부 코

www.booko.kr

Contents

PART 1

블록체인과 암호화폐

CHAPTER 1. 블록체인혁명

- 블록체인이란 무엇인가?

블록체인의 열기가 뜨겁다. 단순하게 암호화폐의 급등으로 인한 열기가 한참 식었고, 심지어 국가별 규제나 인식도 부정적인 부분이 있는데도 블록체인이 우리 산업에 빠르게 퍼져가고 있다. 국내외 채용 사이트를 보면 대기업부터 스타트업까지 블록체인 전문가를 유치하기 위한 경쟁이 치열하다. 어느새 "진정한 가치를 지닌 인터넷"이라고 불리는 블록체인이 이제 미래가 아니라 현재 우리 생활 깊이 들어오고 있다. 왜 이렇게 블록체인이 급속도로 퍼지는 것일까? 먼저 블록체인이 무엇인지 간단하게 짚고 넘어가자.

블록체인은 각종 거래 정보를 여러 곳에 분산 저장하는 기술이다. 즉, 거래정보를 기록한 디지털 원장을 중앙 서버가 아닌 블록체인 네트워크 참여자들에게 분산하여 공동으로 기록 및 관리하는 기술로서 유엔미래보고서에서 "미래를 바꿀 신기술 10"에 선정되기도 했다. 블록체인은 거래가 이뤄지면 그 내역이 기록되어 하나의 '블록'으로 묶이고, 블록체인에 참여한 모든 사람은 블록들을 '체인(사슬)' 형태로 연결해 공유한다. 예를 들어 기존 은행 같은 경우 모든 거래정보를 은행의 중앙 서버에 저장을 하는 중앙 집중화된 방식을 사용하고 있다. 은행은 막대한 자금을 들여 중앙 서버를 유지하고 있지만 이런 시스템에 문제가 발생할 수 있는 가능성은 얼마든지 있다. 이러한 중앙 집중화된 시스템의 단점을 보완하기 위해 등장한 것이 바로 "블록체인" 기술이다. 블록체인에서는 참여하는 모든 참여자가 데이터를 공유함으로써 한 곳에서 모든 데이터를 가지고 있는 것이 아니라 여러 사람이 데이터를 공유한다. 따라서 한 사람에게 어떤 문제가 생기거나 또는 누군가가 악의적인 마음을 먹고 장부를 조작하더라도 나머지 사람들이 정보를 공유하고 있기 때문에 문제가 생기지 않는다. 특히 블록체인의 전체 참여자가 많아질수록 이러한 블록체인의 장점은 더욱 커진다.

- 블록체인의 특징

블록체인의 가장 큰 특징은 '투명성' 이다. 블록체인에 참여하는 모든 사람이 거래 내역을 공유하기 때문에 거래 정보를 조작하기 기 어렵다. 거래 정보를 위변조하려면 암호화된 이전의 블록들을 전부 위변조해야 하는데, 이는 사실상 불가능하다. 해킹이 불가능하므로 '보안' 은 더욱 강해진다. 또 정보를 저장하고 관리하는 중앙 서버가 없기 때문에 수수료 등 거래 비용도 줄일 수 있다.

비트코인을 예로 들면 이해하기 쉽다. 비트코인이 등장한 2009년 1월부터 현재까지 이뤄진 모든 거래 내역을 사용자들이 공유하고 있다. 블록체인 기술은 10분마다 비트코인 사용자들의 거래 장부를 검사하고 오류가 발생한 장부는 즉시 정상 장부로 대체한다. 블록체인의 강력한 보안 덕에 비트코인의 해킹은 불가능하다.
만약 해커들이 이 거래 기록을 위변조 하려면 몇 십대를 공격해야 해킹에 성공할 수 있을까? 체인 구조로 서로 시스템에서 올바른 거래인지를 확인 받으려면 최소한 51%의 컴퓨터를 동시에 바꿔 놓아야 한다. 외부에서 1부터 100까지의 컴퓨터로 묶인 네트워크를 공격한다면 1부터 51까지의 컴퓨터를 장악해야 한다. 그런데 네트워크에 참여하고 있는 컴퓨터가 백만 대에서 몇 천만 대라면 어떻게 될까? 해킹은 그동안 거대한 기업이나 정부기관이 많이 당했다. 정보가 모두 중앙 집권화된 한 곳에 모여 있기 때문에 큰 공룡 같은 하나의 거대조직만 해킹하면 됐다. 그런데 수천만의 작은 도마뱀들을 일일이 해킹하는 것은 어떨까? 작은 도마뱀 하나 하나는 쉽겠지만, 수천만의 도마뱀을 일일이 해킹하기는 불가능에 가깝다고 볼 수 있다.

비즈니스 관점에서 보면, 블록체인은 중개자(브로커 혹은 미들맨)나 보증기관 없이, 개인과 단체의 자산을 신뢰성 있게 이동하고 거래할 수 있는 탈중앙화된 비즈니스다. 지금까지의 비즈니스 유통과정은 도매상이 마진을 붙여 소매상에게 넘기고 소매상은 다시 마진을 붙여 소비자에게 판매해왔다. 이런 유통과정에서 도매상과 소매상은 운좋게 2곳일 수도 있지만, 중간유통과정이 복잡한 산업은 4~6곳 이상이 되고 그만큼 소비자는 비싼 가격에 제품을 사야 한다. 이런 중간 유통과정에서 과연 얼마를 붙여서 받았는지는 알 수 없다. 블록체인은 이러한 유통과정을 투명화해 중개자의 수수료가 차지했던 부분을 획기적으로 줄일 수 있다. 즉, 블록체인은 "peer to peer" 거래를 가능하게 한다. 네트워크상의 모든 구성원들은 다른 참여자들과 직접 거래가 가능하다. 제3자의 중간 역할이 필요 없다. 따라서 중개자에 의해 시장에 부정적인 영향이 있었던 부분을 획기적으로 줄일 수 있다. 중개자에 의한 부정적인 역할 첫 번째는 중개자는 마진을 붙여 이익을 내기 때문에 유통과정에서의 효율성을 저하시킨다. 유통과정이 길고 복잡할수록 제품의 생산지에서 최종 소비자로 이어지기까지 많은 비용이 발생하는 것은 누구나 알고 있는 사실이다.

두 번째는 중개자에 의한 사실 왜곡이다. 중개자는 시장에서 중간의 다리 역할을 하면서 오로지 본인의 이익을 위해 경제 활동을 한다. 따라서, 사실을 왜곡하고 본인의 이익을 극대화하는 방향으로 정보로 조작할 가능성이 있다. 부동산 거래에 있어서 부동산 중개업자는 매도자에게는 매물의 단점을 최대한 부각하면서 매도가격을 깎고, 매수자에게는 최대한 긍정적인 부분을 어필해서 높은 매수가격을 수용하게 한다. 이런 부뷴이 거래의 활성화에서는 긍정적인 역할을 하지만 정도가 지나친 경우가 자주 있다. 심지어 부동산 거래가격을 왜곡시키기 위해 허위매물을 내놓으면서 중개자들이 원하는 가격으로 바꾸려고 하는 경우도 있다. 요약하면, 블록체인은 탈중앙화 방식을 통해 개별 주체가 다른 개별 주체와 직접 peer-to-peer 거래를 하고 대금을 청구하는 디지털 계약이다. 이런 디지털 계약은 여러 컴퓨터 네트워크에 정보가 저장되는 것을 의미하고 중개자에 의한 정보의 왜곡을 미연에 방지한다. 제3의 중개자가 불필요하다는 점은 전반적인 거래비용의 감소를 이끌며, 분산저장 데이터는 더 편하게 이용할 수 있고, 신뢰성은 더 오른다. 거래정보는 모든 사람들이 네트워크에서 이용할 수 있고, 데이터는 모든 사람들이 확인할 수 있다.

- 블록체인의 활용사례

블록체인 활용에 가장 앞장선 산업은 금융업이다. 블록체인의 장점으로 평가받는 보안성과 비용 절감 효과를 가장 잘 누릴 수 있어서다. 금융 서비스는 산업 특성상 중개자가 필요하다.
예를 들어 카드로 물건을 구입한다면 거래 내역을 기록하고 검증한 뒤 보관하는 카드사가 반드시 필요한 것과 같은 이치다. 금융사는 중개 과정에서 발생하는 비용을 줄이고 업무를 간소화하는 방식으로 블록체인을 접목시키고 있다.
2017년 10월 금융투자업계가 세계 최초로 블록체인 기반 공동인증 서비스 '체인 아이디(CHAIN ID)'를 상용화한 것이 좋은 예다. 앞서 금융투자업계는 2016년 26개 증권사, 선물사, 기술회사로 구성된 블록체인 컨소시엄을 발족하고 블록체인 사업성을 검증해왔다.
보험사들은 블록체인과 스마트 컨트랙트를 활용한 보험금 자동 지급 시스템 구축을 계획하고 있다. 악사(AXA)는 항공기 지연에 따른 보험금을 자동으로 지급하는 시스템 '피지'를 구축했다. 항공기 지연 관련 보험 가입자 계약을 블록체인에 기록해 둔 뒤 글로벌 항공 교통 시스템에서 항공기가 2시간 이상 지연되면 자동으로 가입자에게 보험금을 지급하는 식이다.

콘텐츠 산업에서 블록체인 성공 가능성을 보여준 곳은 '스팀잇(Steemit)'이다. 스팀잇에 글을 올리면 플랫폼 참여자가 페이스북 '좋아요'와 비슷한 '업보트(upvote 공감)'를 누를 수 있다. 이 숫자에 비례해 스팀잇은 '스팀 달러'라는 자체 암호화폐를 준다. 글쓴이에게 75%, 업보트 추천자에게 25% 비율로 돌아간다. 서비스에 기여한 만큼 보상해주는 것이다. 콘텐츠 산업에서 블록체인이 주목받는 또 하나의 이유는 기존 콘텐츠업계의 불투명한 정산 시스템 때문이다. 전 세계적으로 콘텐츠 업계에서는 콘텐츠에 기여하는 만큼 돈을 제대로 받지 못한다는 불만이 많았다. 블록체인을 활용하면 콘텐츠 소비량에 따른 수익을 미리 입력해 플랫폼 업체가 수익 배분에 끼어 들 여지가 없어진다.

게임과 블록체인과의 결합도 주목받는다. 모든 재화와 정보가 기록되는 블록체인 특성상 게임 이이템 해킹이나 아이템 거래 문제 때 빠르게 해결책을 찾을 수 있어서다. 한빛소프트는 자사 신규 블록체인 플랫폼 브릴라이트로 ICO 프리세일을 진행하며 500억원 넘는 투자금을 모았다. 브릴라이트는 한빛소프트의 대표적인 게임인 오디션을 비롯해 여러 게임에서 활용할 수 있는 암호화폐다. 다른 이용자와 아이템 거래를 하거나 게임을 즐기기만 해도 획득할 수 있어 이용자들이 자신의 게임 자산을 자유롭게 거래할 수 있는 것이 특징이다.

물류도 블록체인이 뒤흔들 수 있는 업계로 꼽힌다. 물류 시스템에 블록체인 기술을 적용하면 상품 이동 경로를 투명하게 확인할 수 있다. 배송 과정을 거래 당사자가 투명하게 확인해 별도의 중간 보증인이 필요 없어진다는 뜻이다. 물류업계에서는 '블록체인 물류 연합(BiTA)'이 변화를 주도하고 있다. BiTA는 UPS, SAP, 징둥물류 등 200여개 글로벌 물류업체들이 블록체인 기반 물류 시스템 표준을 만들기 위해 설립한 회사다.

블록체인 접목 가능성이 높은 또 하나의 산업이 의료다. 의료산업에서 중복 검진은 심각한 문제였다. 예를 들어 A병원에서 검진하고 B병원에서 치료받으려면, 검진 결과를 CD나 프린트로 가져가는 번거로움을 감수해야 한다. 또한 민감한 개인정보인 의료정보 유출에 대한 불안감이 컸다. 국내 스타트업 메디블록은 이 같은 의료계 고민을 풀기 위해 블록체인 기반 의료정보 공유 모델을 내세워 호평 받았다.
고우균 메디블록 대표는 "에스토니아에서는 블록체인 기술을 활용해 100만 명의 의료정보를 공유 중" 이라며 "병원에 갇힌 의료정보를 개인이 활용하는 새로운 시장이 열릴 것" 이라고 말했다.
구글이나 IBM, 인텔 등 글로벌 IT 기업들이 일찌감치 블록체인을 활용한 헬스케어 사업에 뛰어든 것도 이런 잠재력 때문이다. 구글은 영국 국가보건서비스(NHS)와 함께 환자가 자신의 의료정보를 실시간으로 확인할 수 있는 기술을 개발 중이다. IBM은 미국 식품의약국(FDA)과 의료정보 공유 시스템을 만들고 있다.

미국 연방준비제도이사회는 블록체인으로 연결된 새로운 결제시스템을 개발하기 위해 IBM과 협력하고 있고, 골드만삭스는 연간 간행물 <Future of Finance>에 다양한 블록체인 보고서를 올리는 중이다. 씨티은행은 블록체인 기반의 분산 기술을 배포하는 개별 시스템을 구축하고 디지털 통화 거래 시스템을 더 잘 활용하기 위해 내부적으로 비트코인과 동등한 기술인 씨티코인을 개발하고 있다.

도요타는 기존 완성차 사업에 블록체인을 도입해 자율주행과 공유경제 등으로 사업 분야를 확장할 계획이다. 도요타에서 블록체인 연구를 담당하는 도요타연구소(TRI)는 미국 MIT 산하 미디어랩 등과 합작을 통해 블록체인 기술 도입을 연구 중이다. 자율주행 데이터 공유, 카쉐어링, 카풀관리, 차량 사용정보 저장을 시도하고 있다. 이스라엘 커뮤터즈(commuterz)와는 P2P 카풀 솔루션을 개발하고 미국의 오큰 이노베이션즈와는 P2P 카셰어링 솔류션 개발을 진행하고 있다. 자율주행의 가장 큰 문제점은 바로 해킹이다. 영화에서도 심심치 않게 나오는 미래 자율주행 장면에서 주인공은 해킹을 당해 갑자기 사고를 당하곤 한다. 현실에서도 충분히 벌어질 수 있는 일이다. 인간이 아닌 컴퓨터 프로그램이 대신 운전하기 때문이다. 블록체인은 해킹을 미연에 방지할 수 있다. 자율주행차는 100만 줄 이상의 코드가 포함된 초대형 소프트웨어 덩어리다. 블록체인은 모든 거래자가 거래 기록을 갖고 있어 한 곳의 소프트웨어를 해킹하면 전체가 마비되는 기존의 해킹 기술이 통하지 않는다. 자율주행차의 보안 플랫폼을 만드는 회사 큐브는 블록체인을 통해 자율주행차 해킹을 막는 기술을 연구 중이다.

넷플릭스는 DVD렌탈 사업으로 시작해 인터넷 스트리밍 서비스로 사업을 전환했다. 블록체인은 컨텐츠의 불법 복제나 카피 등에 블록체인 기술을 적용하면서 자사 고객 누구로부터 언제 어디서 불법 유통이 시작 됐는지를 단번에 파악 할 수 있다. 향후 렌탈 사업은 전방위적으로 성장할 가능성이 매우 크다. 블록체인을 통해 렌탈 업체들은 어떤 고객이 불량하고, 어떤 고객이 우수한지 실시간으로 알아낼 수 있다. 신뢰도가 높은 고객은 저렴한 가격에 물건을 빌릴 수 있다. 불량고객의 신용도는 블록체인으로 묶인 대여사업자에게 공유된다. 앞으로 블록체인을 통해 정보가 보존된 고객데이터를 통해 렌탈 사업자들은 고객의 성향에 따라 다른 대여료를 매기면서 사업의 효율성을 높일 수 있다.

월마트 IBM 협업으로 2016년도 10월부터 미국/중국에서는 일부 제품에 블록체인 기술을 시범 적용해 식품 출처를 파악하는 실험에 약 2초 만에 원산지를 포함한 식품정보를 알 수 있었다. 국내 유통 3사 또한 블록체인을 도입해 일부 신선식품에 유통관리시스템을 구축했다. 신선식품의 복잡한 유통과정을 블록체인으로 정보를 공유하면서 중간 유통과정에서 정보가 변경되지 않고 소비자에게 원산지 등을 알려줄 수 있게 되었다.

- 대세로 굳혀지는 블록체인

미국의 시장조사업체 가트너에 따르면, 블록체인 기술의 부가가치는 2030년 기준 3조 달러(약 3200조원)를 넘어설 것으로 예상된다. 지난해 세계경제포럼(WEF 다보스포럼)에서도 2027년 전 세계 총생산(GDP)의 10% 수준인 8조 달러가 블록체인 기술에서 파생될 것으로 관측했다. 인터넷이 글로벌 네트워크 환경을 완전히 바꿔 놓았듯이 앞으로 블록체인이 산업 전반을 획기적으로 변화시킬 가능성이 크다는 관점이 지배적이다.
현재 가장 먼저 접목되고 있는 금융 분야를 비롯해 의료, 물류, 예술 분야에서도 블록체인이 신속하게 퍼져가고 있다. 에너지 분야도 블록체인이 접목되면서 부가가치가 창출되고 있다. 에너지 분야에 적용하는 블록체인 개념은 여전히 실험단계 이지만, 분산거래와 공급 시스템에 대한 블록체인이 잠재력을 스마트 계약 자동화와 연계시키는 일이 에너지 산업의 중요한 과업이 되고 있다.

CHAPTER 2. 블록체인 프로젝트와 암호화폐 발행

- 암호화폐 발행이란?

지금까지는 블록체인의 개념과 활용사례, 성장성에 대해 알아보았다. 블록체인으로 인해 향후 사람들의 일상과 많은 산업이 변화될 것이라는 점은 충분히 설명이 되었다. 블록체인산업이 성장하려면 코인이나 토큰이라고 불리는 암호화폐 발행이 필수적이다. 블록체인 생태계를 활용하기 위한 경제 시스템을 위해 암호화폐가 필요하기 때문이다. 예를 들어 컨텐츠를 제공하거나 의료정보를 제공하는 이에게 암호화폐로 보상하고 참여 동기를 불러일으키기 위해서이다. 블록체인시장이 커질수록 흔히 ICO(또는 TGE)라고 불리는 암호화폐 발행을 통한 자금조달이 덩달아 늘어나는 것도 같은 맥락이다. 블록체인과 암호화폐는 별개로 치부하려는 일부의 의견이 있는데, 블록체인에 대한 생태계를 제대로 이해했는지 의문이다. 이런 블록체인을 활용해 새로운 부가가치를 창출하기 위해서는 일반적인 스타트업과 동일하게 사업에 필요한 자금이 필요하다. 사업을 하면서 유동성 문제는 언제나 생긴다. 특히 스타트업이나 벤처기업의 경우 기발한 아이디어는 있는데 현실화까지 예기치 못했던 자금조달 문제로 좌절되는 경우를 빈번하게 목격해왔다. 전 세계에서 가장 벤처하기 좋은 곳이라는 실리콘밸리에서조차 스타트업이 엔젤투자자 혹은 벤처캐피탈에게 투자받을 확률은 1% 미만이다. 이러한 기업환경에서 암호화폐 발행을 통한 자금 확보는 스타트업을 비롯한 기존의 여러 형태의 기업에게 매우 좋은 기회임에 틀림없다.
이러한 좋은 기회를 활용해 기존 사업모델을 가지고 있는 기업들이 블록체인을 추가하는 방식으로 ICO를 진행하는 경우도 늘어나고 있는데 이를 "리버스 ICO" 라고 한다. 텔레그램은 리버스 ICO를 통해 조 단위의 자금을 모았다. 블록체인을 도입함으로써 기존의 문제점을 해결할 수 있는 사업모델을 갖고 있다면 ICO를 통해 자금을 조달하는 것이 좋은 방법이다.

암호화폐 발행은 블록체인산업의 대표적인 자금조달인 방법으로 새로운 개념의 크라우드 펀딩이다. 보통 암호화폐발행을 ICO : Initial Coin Offering 또는 TGE : Token Generation Event 라고 부른다. 일반적으로 증권시장에서 비상장회사가 주식을 발행하여 코스피나 코스닥 등의 주식시장에 상장하기 위해 재무 상태와 기업경영 상태를 공개해 주식을 발행하여 자금을 모으는 방법인 IPO : Initial Public Offering 와 비견되기도 한다.
ICO 또는 TGE는 코인 혹은 토큰이라고 불리는 암호화폐를 외부에 공개해 토큰 개발자뿐만 아니라 일반적인 대중이 토큰을 구매할 수 있도록 하는 방식을 말한다. ICO 또는 TGE를 진행하는 회사의 입장에서 보면 ICO(또는 TGE)는 한마디로 블록체인 프로젝트를 진행하기 위한 투자자금을 모집하는 행위이다. 회사는 제품개발을 할 자금을 얻고 투자자들은 암호화된 토큰을 얻게 되면서 토큰 지분에 대한 소유권을 갖게 되고 토큰 프로젝트가 성공했을 때 토큰가치 상승으로 투자에 대한 수익을 얻게 되는 구조다. 현재 수많은 스타트업이 블록체인을 활용해 벤처캐피탈이나 은행대출, 주식양도 등의 방법을 통하지 않고서도 투자금을 모집할 수 있기 때문에 앞으로도 다양한 형태의 진화된 토큰 발행 방식들이 나올 것으로 기대된다.

- 암호화폐발행을 통한 자금조달(ICO 또는 TGE)의 역사

2013년 ICO(또는 TGE) 태동기

최초의 ICO(또는 TGE)는 여러 가지 설이 있지만 마스터코인(Mastercoin)이라는 의견이 다수설이다. 그전의 코인들도 있었지만 ICO(또는 TGE)라고 부르기에는 지극히 한정적인 영역의 코인 발행수준이 대부분이었다. 마스터 코인은 현재 옴니(omni)의 모태가 되는 코인으로서, 비트코인 블록체인을 위한 메타 데이터 구축을 표방하여 투자자들을 유치하기 시작했다. 50만 달러를 초과하는 금액을 모금했는데 당시에는 큰 규모라고 볼 수 있다. 이런 마스터코인의 투자자금 모집을 전 세계에서 지켜 본 이후 다양한 ICO(또는 TGE)들이 하나둘 생겨나기 시작했다.

2013년 마스터 코인의 성공이후 같은 해에 NXT가 ICO(또는 TGE)를 통해 16,800달러 모금에 성공했다. NXT부터 획기적인 변화가 두 가지가 생겨났다. 첫째는 컴퓨터를 통한 채굴방식인 POW(Proof of work 작업증명방식) 개념이 아닌 POS(Proof of Stake) 방식을 선보이기 시작했다는 것이고, 두 번째는 그 전 코인들이 대부분 화폐 개념으로써의 ICO(또는 TGE)가 이루어졌다면 NXT는 블록체인 플랫폼을 추구하는 개념을 내세웠다는 점을 들 수 있다.

2014년 ICO(또는 TGE) 성장기

이더리움이 2014년에 12시간 만에 3,700 BTC 모금에 성공했고, 이어 다양한 토큰들이 ICO(또는 TGE)를 진행했다. NEM, 스토리지, 디지바이트, 이더리움 등 총 12종류에 달하는 ICO(또는 TGE)가 진행됐다. 최초의 ICO(또는 TGE)가 탄생한지 불과 1년 만에 다양한 토큰들이 세상에 선보여질 정도로, ICO의 성장단계는 1년이 타산업계의 10년과 비견될 정도로 빠른 성장성을 보이고 있다. 마스터 코인이 50만 달러를 넘게 모집한 것은 블록체인 업계에서 엄청난 사건이었는데 불과 1년 만에 이더리움이 1800만 달러라는 믿기 힘들 정도의 자금을 모집하게 된다. 마스터 코인에 비하면 36배나 달하는 규모이면서, 스마트 컨트랙트라는 새로운 패러다임을 열었다는 점에서 규모와 질적인 측면에서 ICO(또는 TGE) 역사상 비트코인의 등장 이후로 가장 중요한 역사적 사건이다. 스마트 계약이란 거래가 실행되는 조건과 내용을 블록체인 기반의 계약에 등록 해두면 해당 법률과 절차가 자동 적용돼 거래 당사자에게 진행과 결과가 통보되는 시스템이다. 상대방이 좋든 싫든, 일정한 조건이 충족되면 자동으로 효력이 발생할 수 있게 만든 계약이다. 자동차를 샀다고 해보자. 30일도 안됐는데 구매한 차량에 문제가 생겼을 경우 환불해준다 라는 스마트 계약이 들어가 있었다면 전화해서 문제가 생겼다고 항의하거나 법정 다툼을 벌일 필요가 없다. 인증 받은 정비소에 가서 불량이라고 판정만 받으면 스마트 계약은 즉시 차량을 소지한 고객 계좌에 전액 환불되게 조치한다.

2015년은 총 11개의 암호화폐가 ICO(또는 TGE)를 진행했고, 총 1400만 달러가 모집되었다. 시발점은 리스크 였는데 총 620만 달러를 모집했고 2위인 어거는 530만 달러, 3위 Neucoin이 130만 달러를 모집을 했는데 Neucoin은 2년 뒤인 2017년에 상장폐지가 되기도 했다.

2016년도에는 46개 암호화폐의 ICO(또는 TGE)가 있었고, 총 9600만 달러가 모금되었다. NEO의 2차 ICO(또는 TGE), 스펙터코인, 스트라티스, 아크, 웨이브 등이 ICO를 했다. 2016년 가장 큰 이슈는 바로 DAO사태를 들 수 있다.
The DAO (Decentralized Autonomous Organization)의 ICO(또는 TGE)는 2016년 5월 1일부터 29일까지 진행되었는데, 총 1600만 달러라는 당시 크라우드 펀딩 역사상 최고의 자금을 모집했다. DAO는 이더리움 블록체인 상에 스마트 계약으로 구성된 자율조직으로써 DAO 토큰 보유자 모두가 투표를 통해서 운영해나가는 탈중앙화 경영 방식이 시장의 막대한 투자금을 모을 수 있는 흥행요소였다. 하지만 일각에서 DAO 코드의 취약점이 논란이 됐었는데 결국 이 취약점을 해커가 파고 들어 243만 이더(당시 750억원)을 해킹하는 사태가 벌어졌다.

2017년 ICO(또는 TGE)의 호황기

2017년 말에 2016년 대비 40배의 양적 성장이 일어났으며 총 200건이 넘는 ICO(또는 TGE)가 진행됐고, 약 60억 달러의 ICO(또는 TGE) 투자가 진행됐다. ICO(또는 TGE) 대부분이 청사진만 화려하게 제시되고 제대로 된 코드조차 없이 수십억에서 수백억의 자금을 모으는 일이 비일비재했다. 투자자들도 백서 한번 읽지 않고 거액을 투자하는 사태도 계속 벌어졌다. 2017년은 비트코인을 비롯해 대부분의 코인들이 수십 배에서 수백 배의 상승을 보여줬던 시기라 ICO(또는 TGE)역시 상장하는 동시에 ICO(또는 TGE) 투자금의 몇 배에서 몇 십배 이상의 수익을 보여 줄 거란 믿음이 강했다.

이런 상황에서 각국의 우려와 ICO(또는 TGE) 규제에 대한 목소리가 커졌고 장밋빛 대박을 쫓는 버블은 정점을 찍고 흔들리기 시작했다. 국가 입장에서는 기존 화폐발행의 권한을 국가만 보유하고 있었는데 이러한 기득권에 도전하는 암호화폐가 그렇게 달갑잖았을 것이다. 여기에 자금 세탁, 개인투자자 손실 등의 사태까지 국가입장에서는 반드시 암호화폐를 컨트롤 해야만 하는 이유들이 충분했다. 블록체인에 대한 관심은 커지고 있는데 암호화폐는 통제해야만 하는 국가의 고민은 지금도 계속 되고 있다.

*** 국가별 ICO 현황

미국은 2017년 ICO 모금액 규모가 17억 2200만 달러에 달하고, 싱가포르는 ICO 모금액이 6억 4100만 달러에 이르렀다. 미국은 지난해 전 세계에서 ICO가 가장 많이 시작되는 파생국가 1위에도 올랐다. 2031개의 ICO 프로젝트가 미국에서 시작됐고, 러시아가 310개, 싱가포르가 260개였다. 크립토 펀드의 규모도 미국을 중심으로 홍콩과 영국, 싱가포르 등에서 기관 투자자금이 활발하게 투자되고 있다.

스위스 정부는 2013년 암호화폐 허브국가를 표방하며 취리히와 주크를 크립토 밸리로 조성한 뒤 이더리움 재단이 현지에서 ICO(또는 TGE)를 진행하는 등 각국의 블록체인 기업이 스위스에 모여들고 있다. 그 결과 스위스에서 가장 면적이 작은, 인구 12만 9000명의 주크에 블록체인, 암호화폐 관련 기업 약 250개가 들어서면서 연계 서비스인 금융, 법률, 회계, 정보통신기술(ICT) 등 각종 고부가가치, 고임금 기업이 추가로 모여들고, 다국적 회의에서도 지속적인 일자리가 창출 되고 있다.

한 매체에서는 ICO(또는 TGE)하기 좋은 국가를 지수화 했다. ICO(또는 TGE)를 진행할 때 어느 나라에서 진행할지도 글로벌 기업들에게는 큰 관심시가 될 수 있으니 참고 할만하다. 암호화폐 전문 매체 코인텔레그래프(Cointelegraph)는 암호화폐 논의 그룹인 크립토 파이낸스 컨퍼런스의 보고서에서 이와 관련된 정보를 내보냈다. 크립토 파이낸스 컨퍼런스 소속 애널리스트들이 꼽은 ICO(또는 TGE)에 가장 호의적인 국가는 미국, 스위스, 싱가포르로 나타났다. 미국은 총점 30점을 얻었고, 스위스는 15점, 싱가포르는 11점을 얻었다. 4위는 6점을 얻은 러시아가 차지했으며, 케이맨 제도와 영국, 에스토니아, 중국이 4점으로 공동 5위를 기록했다. 이어 캐나다 3점, 일본 2점 순으로 이어졌으며 한국은 1점을 얻었다.

- ICO(또는 TGE)는 어떤 업종들이 많이 했을까?

2017년 암호화폐의 가격이 급등하면서 ICO(또는 TGE)를 통한 수익에 대한 기대가 높아져, 다양한 신규 ICO(또는 TGE)가 활발해졌다. 또한 신규 ICO(또는 TGE)는 비트코인이나 이더리움을 모집단위로 투자를 받게 되면서 이들 통화에 대한 수요가 증가하여 가상통화 가격이 다시 오르게 되는 상승작용이 나타났다. 가상통화에서 비트코인이 차지하는 비중은 점차 줄어들고 있으며, 이더리움, 라이트코인 등 대체 코인들의 비중이 점차 증가하고 있다. 이는 코인의 개발과 관련하여 비트코인을 대체하고자 하는 새로운 코인들이 출시되는 것으로 ICO(또는 TGE)가 점차 활성하 되고 있음을 시사한다.

2017년에는 인프라 사업(25.8%)과 금융(14.6%)에 다소 치중됐는데 2018년에는 금융(15.5%), 투자 거래(9.7%), 의사 결정(8%), 게임.VR (6%), 인프라(4.8%)분야의 회사들이 골고루 ICO(또는 TGE)를 진행했다. 국내 프로젝트들 역시 헬스케어(알파콘), 광고(애드포스인사이트), 뷰티(코스모체인), 음원(재미컴퍼니), AR(모스랜드) 등 중앙화된 데이터를 처리하거나 제3자 중개가 필요한 사업영역에서 분야를 막론하고 블록체인 적용과 ICO(또는 TGE)가 활발히 진행되고 있다. 기존 2017년 이전까지 ICO(또는 TGE)는 주로 블록체인의 구성이나 이에 대한 인프라 구축에 대한 관심이 집중되었으나, 이후 비트코인에 대한 가치가 급등하면서, 이에 대한 투자 및 결제 관련 금융상품에 대한 ICO(또는 TGE)가 증가하는 모습을 보인 것이다.

- 블록체인 프로젝트 진행 전 반드시 생각해 볼 포인트

일단 기존에 존재하는 사업에서 문제점이 무엇이고 그 문제점을 블록체인을 활용해서 해결 가능한지 여부에 대한 면밀한 검토가 필요하다. 꼭 블록체인이 필요한가? 내가 사업을 하고 있는데 단순히 돈이 필요해서 자금을 모집하기 어려워서 블록체인을 굳이 끼워 넣었나? 2017년도 암호화폐 활황장 이후 굳이 블록체인을 활용할 필요가 없는 곳에서도 블록체인 프로젝트를 활용해 자금을 모으는 경우가 있었다. 2018년도 넘어 시장이 하락세를 지속하면서 시장은 냉정을 찾기 시작했고 사업과 맞지 않는 블록체인 모델이라면 시장에서 외면을 받을 것이다. 블록체인은 단순한 모델이 아니다. 확장성이 있고, 생태계를 구성할 수 있는 사업모델은 다양하다. 사실 우리가 먹고 마시고 입고 노는 대부분의 시장은 생태계를 갖고 있다. 즉 산업이나 업종 문제가 아니라 사업에 대한 이해와 블록체인을 통한 생태계 구성이 중요하다.

블록체인 프로젝트는 ICO(또는 TGE)를 통해 자금모집을 완료하면 끝이 아니라 그때부터가 진정한 프로젝트의 시작이다. 블록체인 프로젝트에서 ICO(또는 TGE)를 통한 자금모집은 단순히 블록체인 비즈니스를 영위하기 위해 필요한 자금을 모으는 펀딩과정일 뿐이다. 정말 중요한 것은, 펀딩 이후 자금을 활용해 어떻게 블록체인 비즈니스를 이끌어 갈 것인가이다.

- 리버스 ICO

최근 ICO중에서도 가장 돋보이는 ICO형태는 바로 리버스 ICO이다. 백지상태에서 새 프로젝트를 구상하는 것이 아니라 이미 사업을 운영하고 있는 기업들이 암호화폐를 공개하는 것이다. 기존 ICO가 이더리움 같은 '플랫폼 블록체인'이나 블록체인 기반 어플리케이션인 디앱(dApp)개발에 초점이 맞춰졌다면 리버스 ICO는 기존 산업 서비스에 블록체인을 적용한다. 이미 존재하는 서비스에 투자하는 형태라 리스크가 적다. 기존에 쌓아온 인지도 덕분에 ICO에 필요한 막대한 광고나 마케팅 비용에 대한 부담도 적다. 리버스 ICO의 대표 사례는 모바일 메신저 '텔레그램'이다. 국내에서도 카카오톡의 대화내용에 대한 유출 우려가 커졌을 때 보안성이 뛰어난 텔레그램이 주목받기도 했는데, 이미 전 세계적으로 월 사용자수 2억 명을 돌파하고 계속 상승세에 있다. 텔레그램은 '그램'이라는 신규 암호화폐를 발행해 2018년초 2차례에 걸쳐 ICO를 진행했고 단기간에 17억 달러(약 1조8000억 원)에 달하는 자금을 유치했다. 텔레그램 메신저에서 사용자들이 그램을 이용한 결제나 송금이 가능한 블록체인 시스템을 개발 중이다. 텔레그램 뿐만 아니라 해외 대기업들도 ICO를 추진 중이다. 일본의 최대 전자 상거래 업체인 라쿠텐은 자사 마일리지 시스템인 '라쿠텐 슈퍼 포인트'를 '라쿠텐 코인'이라는 암호화폐로 전환해 자사가 운영하는 다양한 서비스를 현금처럼 사용하게 할 계획이다. 필름회사 코닥도 블록체인 기술을 활용한 이미지 저장 관리 플랫폼 '코닥원'을 개발, 암호화폐 '코닥'을 발행하겠다고 했다.

블록체인과 암호화폐의 등장을 보면서 과거 주식시장이 처음 생겼을 때를 다시 머릿속에 떠올리게 된다. 주식회사 형태가 나오면서 이전과는 다른 투자 자금모집의 빅뱅이 일어났다. 직접 민주주의에서 간접 민주주의로 바뀌면서 정치 분야가 팽창했듯이 주식회사를 통해 간접적으로 경영참여를 하면서 그 이전의 회사 규모와는 비교가 안 될 거대기업들이 탄생하게 되었다. 블록체인, 암호화폐시장의 빅뱅이 그때와 상당히 유사하게 흘러가고 있다.

주식회사 제도에는 소수의 대주주가 부를 과점하는 문제가 있어왔다. Facebook, Youtube, Twitter, Tencent 등 사용자 기반 서비스의 경우 컨텐츠를 생산한 사용자는 회사의 성공에 대한 수익 쉐어를 거의 못 받은 채 일부의 대주주가 부를 과점하게 되었다. 블록체인과 크립토 화폐는 이러한 문제의 대안이 될 수 있다. 다양한 생태계의 구성원들이, 생태계 네트워크가 성장함에 따라 부를 나눠가질 수 있도록 설계되고, 이러한 약속을 나중에도 변화되지 않도록 모두가 원장을 공유하고 몇몇의 코어인력에 의해 마음대로 수정할 수 없도록 탈중앙화 해서 투명성을 높이려는 니즈가 커지면서 블록체인 비즈니스 모델의 수요가 늘어나게 된 것이다.
블록체인 모델이 만능은 아니다. 앞으로도 다양한 문제점이 생겨나게 되겠지만 거기에 맞는 대응책도 나오고 점차 제도화 되면서 새로운 개념의 회사 또는 네트워크로써의 큰 축을 담당하게 될 것이다.

*** 용어정리

프라이빗 세일 : 비공개로 진행되는 코인의 사전 판매를 말한다. 대부분 특정 투자자 혹은 기관을 대상으로 진행하며 전체 세일 단계 중에서 전환율이 가장 높다 최소 투자자금 역시 가장 높다.

프리 세일 : 정식 ICO 이전에 진행하는 코인 판매 단계다. 정식 ICO 보다 전환율이 높으며 투자의 문턱이 프라이빗 세일에 비해 낮으므로 많은 경우 이 단계에서 ICO의 성공 여부가 판가름 난

다. 하지만 ICO 검증에 필요한 시간이 적기 때문에 투자자의 위험성 역시 크다고 볼 수 있다.

메인 세일 : 본격적인 ICO를 말한다. 이 단계를 지칭하는 다른 말로는 크라우드 세일, 퍼블릭 세일이 있다. 이 단계에서는 최소 투자금이 가장 낮지만 그만큼 전환율 역시도 가장 낮다.

[목표 금액에 따른 종료 방식]
소프트캡 : 소프트 캡이란 목표 금액을 넘어서고 나중에 약속했던 시간이 되면 종료하는 방식이다. 만약 사전에 약정했던 시간이 되었는데 목표금액을 넘지 못한다면 프로젝트가 취소되고 투자금은 모두 환불된다.

하드캡 : 기간과는 무관하게 목표 금액이 달성되면 그 즉시 ICO가 종료되는 방식이다. 소프트 캡은 목표금액이 달성되어도 기간이 끝나지 않았다면 추가 투자가 가능하지만, 하드캡은 목표 금액이 달성되는 순간 남은 기간과는 무관하게 투자가 종료된다.

히든캡 : 목표 투자금을 공개하지 않고 진행하는 ICO

발행량 : 최초 발행 이후 중간에 투자자들의 동의없이 발행 기업이 마음대로 토큰의 발행량을 조절하는 것은 불가능에 가깝다.

따라서 ICO 기획단계에서 토큰 발행량을 적정하게 정하는 것이 매우 중요하다. 발행량이 지나치게 많을 경우 희소성이 낮아지기 때문에 투자자들이 토큰을 보유하고 싶은 욕구를 반감시키고, 상장이후 물량의 부담으로 매물이 쏟아질 수 있다. 채굴형식으로 시장에 토큰이 보급되는 속도와 양이 많을 경우에도 인플레이션을 통한 토큰 가격의 하락압박이 계속 될 수 있다. 반대로 발행량이 지나치게 적을 경우는 적절하게 토큰이 생태계 내에서 유통이 안 될 수 있고, 상장이후에도 거래소에서 거래가 원활하게 돌아가지 않아 토큰 매수매도가 어려울 수 있다.

소각 : 백서를 보면 소각이라는 말이 자주 등장한다. 암호화폐에서 소각이란 토큰이 발행된 이후 총량을 조절하는 대표적인 방법이다. 소각을 하게 되면 토큰의 총량이 줄어들게 되므로 가격이 상승하는 효과가 있기 때문에 토큰 보유자에게는 긍정적 요소가 된다. 화폐 발행총량을 현실에 맞게 정하지 못했을 때 코인 생태계가 불균형하게 흘러가는 것처럼 소각 또한 정교하게 계획을 하지 않았을 때는 ICO프로젝트의 진행과 토큰 가격의 안정화에 큰 악영향을 미칠 수 있다. 투자자의 입장에서는 백서에 토큰 소각에 대한 조건과 주기가 발행 총량에 적절한 비율로 작용하는지를 잘 따져봐야 한다.

수익분배 : ICO의 투자자들도 사실은 수익분배라는 목표를 갖고 투자를 하는 것이다. 실제로는 매매차익에 대한 니즈가 크지만 결국 매매차익도 토큰의 가격이 상승해야 하는 것이고 토큰 가격

의 상승의 원동력은 바로 수익 분배의 매력도와 비례한다. 따라서 ICO 투자자의 경우 얼마나 백서에 reward가 매력적인지를 분석해야 한다. ICO기획자의 경우 ICO세일을 할 때 백서에 reward에 대한 충분한 어필을 해야 투자자금을 원하는 만큼 모집할 수 있다.

하지만 ICO 세일즈만을 목표로 한 무리한 수익분배를 기술했을 때는 프리세일은 성공적일지 몰라도 장기적으로 프로젝트를 진행하는데 어려움을 겪을 수 있기 때문에 현실적인 보상체계를 기획해야 한다.

분배비율 : 분배에서 가장 중요한건 균형이다. ICO 토큰을 세일할 때 프라이빗 세일과 퍼블릭 세일로 나눌 수 있다. 프라이빗 세일에는 개발자 등 프로젝트의 팀과 인맥이 닿는 자금이 토큰을 매입한다. 퍼블릭 세일에서는 대중들과 개인 투자자들이 주로 들어온다.

주식시장을 보면 대주주가 보유한 물량을 매도했을 때 시장에서는 큰 악재로 판단한다. 기업의 내부사정을 누구보다 잘 아는 대주주가 주식을 매도했다는 것은 그 회사의 주식의 매력도가 줄어들었다는 반증이라고 통상적으로 판단하기 때문이다.

ICO에서도 프로젝트 관련 팀원과 측근들이 갖고 있는 분배비율이 높을 경우 시장에 매도를 할 가능성이 커지고 이러한 사실이 시장에 알려졌을 때는 개인 투자자들의 투매도 유발할 수 있다. 라이트 코인 창시자가 라이트코인을 매도했다는 뉴스가 나온 이후 시장에서 매물이 쏟아졌던 일화는 유명하다.

[이외 용어]

KYC(Know Your customer) : 고객의 개인 신분을 인증하는 과정이다. 몇몇 ICO의 경우 개최국의 법률상 KYC를 거쳐야만 ICO가 진행되는 경우도 있으며 투자자의 국적이 ICO 참여를 금지하는 경우 해당 투자자를 걸러내는 방법 등으로 사용한다.

화이트리스트(Whitelist) : ICO에 참여할 수 있도록 자신의 계정을 등록시키는 절차로, 보통은 이 과정에서 KYC를 함께 요구한다.

밋업(Meet up) : 프로젝트의 대표 혹은 CEO, CTO 등의 주요 인물을 만나는 자리를 뜻한다.

토큰 락(Token lock) : 토큰을 이동하지 못하는 경우를 뜻한다. 특정 ICO의 경우 ICO가 성공하고 일정기간 동안 토큰 락을 통해 토큰을 판매하지 못하게 만드는 경우가 있다. 이는 상장 후 많은 양의 토큰이 매도되면서 가격을 떨어뜨리지 않게 하려는 조치다.

토큰 소각(Token Burn) : 토큰을 소각하여 없애버리는 것으로, 토큰 전체 수량을 조절하여 토큰 가치를 조절하기 위한 수단으로 사용한다.

백서(Whitepaper) : 해당 코인에 대한 전반적인 설명서를 뜻한다.

어째서 코인을 만들었는지, 어떠한 방식으로 나갈 것인지, 해당 코인의 미래 가치는 어떠할 것인지 등을 뜻한다. 대체로 투자 설명서와 비슷하게 볼 수 있다.

리버스 ICO (Riverse ICO) : 기존의 ICO는 아이디어를 구체화하여 상용화하기 위한 투자금을 모으는 것이라면 리버스 ICO는 반대로 기존의 상용화 되어 있는 사업 모델에 블록체인을 추가하는 방식이다. 이 방식은 이미 검증된 사업성 있는 모델을 기반으로 한 ICO를 진행하므로 ICO의 많은 단점을 해결한 방식으로 볼 수 있다.

PART 2

블록체인 프로젝트 시작하기

CHAPTER 3. 블록체인 프로젝트 진행

- 블록체인 프로젝트 진행 절차

블록체인 프로젝트 진행시 암호화폐를 통한 자금모집(ICO 또는 TGE)을 계획할 경우 일반대중 대상으로 토큰 판매를 하는 퍼블릭 세일까지 계획하고 있을 경우 최초 팀빌딩을 하는 시점부터 ICO (또는 TGE)를 마무리 하는 시점까지 기간은 평균적으로 6~8개월 정도 예상된다. 물론 일반 대중을 대상으로 한 퍼블릭 세일을 진행하지 않을 경우에는 그보다 기간을 단축 할 수 있고 퍼블릭 세일을 진행하더라도 그보다 빨리 진행하는 팀도 있지만 성공적인 ICO(또는 TGE)를 진행하기 위해서는 6~8개월 정도의 시간과 그 기간 동안 비용을 충당 할 수 있는 초기 SEED 자금 조달 계획이 필수적이다.

ICO를 진행하는 절차는 먼저 크게 3단계로 나눌 수 있다.

1. 前 토큰 세일, 2. 本 토큰 세일, 3. 後 토큰 세일 로 나뉘며,

이중에서 2. 本 토큰 세일은 다시

1) 프라이빗 세일, 2) 프리 세일, 3) 퍼블릭 세일 로 나뉜다.

1. ICO 첫 번째 단계인 "前 토큰 세일" 단계는 우선 팀빌딩을 시작으로 코어 시나리오를 세워 프로젝트 전략을 설계해야 하고 이 과정에서 블록체인 프로젝트의 타겟으로 하는 시장에 관한 분석 및 비즈니스 모델을 설계한다. 토큰 거버넌스 프레임워크와 토큰 이코노미를 설계하고 ICO를 통한 투자규모, 목적 그리고 판매기법을 계획한다. ICO를 진행할 국가를 결정하는데 이때 단순히 ICO 만을 고려하고 진행 국가는 결정해서는 안 되고 법인의 비즈니스와 관련된 규제나 세무에 관해 면밀한 검토후 해당 국가에 법인 설립을 해야 한다. 뿐만 아니라 블록체인을 메인넷으로 할지 아니면 기존의 블록체인 플랫폼을 이용할지를 결정하고 기존의 블록체인을 활용한다면 어떤 플랫폼이 내 ICO 프로젝트에 적절한지 검토 후 결정한다.

그 다음 로드맵과 ICO 타임라인을 결정하고 기본적인 사항을 담은 백서 초안을 작성한다. 이후 백서 초안을 바탕으로 프로젝트에 직간접적으로 도움을 줄 어드바이저 영입, 프로젝트 목표에 맞는 브랜드 디자인 , 법률, 세무, 규제 관련 자문단을 선택해 전문적인 자문을 받는다. PR 및 마케팅 전략을 세워 외부에서 마케팅을 도와줄 업체나 개인들을 선정하고 웹사이트 개설, 영상 제작, KYC 및 AML 절차를 수립하고 한다. ICO준비과정에서 토큰생성과 스마트 컨트랙트 코딩도 준비해야 하고 스마트 컨트랙트 감사를 위탁할 업체 또한 선정한다. 각종 공식 커뮤니티 채널을 개설하고 백서 완성본을 배포하면서 PR 및 마케팅을 ICO 토큰 세일 이전에 시작한다.

2. ICO 두 번째 단계로 "本 토큰 세일" 단계가 있다. 토큰 세일단계는 서두에 말한 것처럼 1)프라이빗 세일, 2)프리 세일, 3)퍼블릭 세일. 3단계로 나뉘는데 첫번째 단계는 프라이빗 세일이라고 불리는 기관투자자 및 HNWI 대상으로 하는 세일로 시작하는데 이 과정에서 암호화폐 거래소도 리스팅(상장)을 준비하기 위해 거래소도 접촉을 하는 것이 좋다. 일반 대중을 대상으로 하는 세일은 프리세일 및 퍼블릭 세일 단계로 나눌 수 있다. 보통 프리 세일 단계에서 토큰세일 참여자는 퍼블릭 세일 단계에서 보다 더 많은 보너스 및 할인율을 적용 받는 것이 일반적이다. 이 과정에서 KYC 및 AML 절차를 운용해야 하고 프리 세일 전후로 밋업을 진행하는 것도 계획해야 한다.

3. ICO의 마지막단계로 "後 토큰 세일" 단계가 있다. ICO 세일이 끝났다고 해서 ICO가 끝난 것은 아니다. ICO세일이 마무리되고 마지막 포스트 ICO 단계가 남아있다. ICO 세일이 끝났지만 포스트 ICO 단계도 ICO 절차의 한 단계로 보고 진행 계획을 세워야 한다. 이 단계(Post ICO)에서는 토큰 배포, 전략적 파트너십 세부사항공개, 거래소 리스팅 등이 이루어진다. "Post ICO" 단계도 ICO 단계의 중요한 일부로서 사전에 철저하게 준비되어야 한다.

- 팀빌딩

ICO 시장에 이름만 올리면 누구나 투자를 받을 수 있다는 말은 이제 변화하고 있다. 팀 구성원이 어떤 수준의 기술을 구현할 수 있느냐와 그 회사가 구현하려는 기술의 사업성이 가장 중요하게 작용하고 있다. 팀 및 어드바이저 구성은 크게
1. CEO, CTO, COO 등 C레벨, 2. 프로젝트 담당매니저, 3. 마케팅, 4. 개발자, 5. 법무/세무/회계 팀으로 나눌 수 있다.

특히 최근에는 기존에 사업을 영위하고 있는 많은 기업들이 기존 사업에 블록체인 활용을 위해 또는 추가적인 블록체인 신규 사업을 진행하기 위해 리버스 ICO라고 불리는 블록체인 프로젝트를 진행하는 경우가 많은데 이 경우에는 기존의 모회사와, ICO를 진행하는 자회사 간의 인력을 겸업을 하는 경우가 많은데 ICO를 하는 전담인력이 필수적으로 존재해야 한다.

1. 블록체인 프로젝트 진행을 위한 자금모집을 하기 위해 팀 구성원 중에서 CEO를 포함한 각 C레벨들의 자세한 이력 사항을 투명하게 공개하는 것이 중요하다. 특히 CEO, CTO의 기존 산업에서의 경력과 성공 사례 등이 있다면 백서에 사실대로 작성하고 공개해야 한다.
많은 ICO 평가 업체나 거래소 상장 시에 보는 기준은 100만 달러 이상의 성공 사례로 보며 이 외에도 대기업이나 다른 프로젝트에서 중요한 성공 사례를 최대한 노출시켜야 한다. 특히 국내

(한국) 프로젝트들의 경우 Linkedin과 Github에 프로필을 공개하지 않은 사례가 많아 프로젝트의 신뢰성을 스스로 떨어뜨리고 있는 경우가 많다.

2. PM(프로젝트 매니저)의 경우 ICO에 경험이 있는 적임자를 배치하는 것을 권장하고 다양한 변수를 고려하여 여러 가지 옵션을 두고 ICO를 준비해야한다.

3. 마케팅 팀의 경우 프로젝트가 자체적으로 마케팅 팀을 보유하고 있을 경우 마케팅 에이전시에 마케팅을 맡기는 경우보다 프로젝트에 대한 이해도가 높을 수 있기 때문에 프로젝트를 평가할 때 가산점을 부여하는 경우가 많지만 개발팀의 중요도에 비해서는 굉장히 작다.

4. 개발자들의 경우 블록체인 업계의 경력이 있다면 프로젝트를 평가하는데 있어서 높은 점수를 받을 수 있다. 블록체인 업계의 경력이 없더라도 기존 산업에서의 경력에 대해 자세하게 기재하는 것이 중요하다. 개발자 또한 C레벨과 마찬가지로 링크드인(Linkedin)과 깃허브(Github)에 프로필을 필수적으로 공개하는 것이 좋으며 기술에 대한 오픈 소스를 제공해야 하며 업데이트를 수시로 진행하고 업데이트 사항에 대해서 항상 공시해야 한다. 또한 개발팀의 경우 해당 사업모델을 실제로 구현할 블록체인 기술을 가지고 있는지가 중요하며 만약 이러한 개발팀을 보유하고 있지 않다면 아웃 소싱 할 팀이 있어야한다.

5. 어드바이저를 구성하는 것도 팀을 구성하는 것과 같다. 프로젝트를 처음에 백서상의 내용으로만 평가가 가능하기 때문에 어드바이저의 블록체인 업계에서의 경력이나 기존 산업에서의 경력과 성공 사례를 명시해 두어야 한다.
다만 기존 팀원을 구성할 때와 다른 점은 어드바이저에게 실질적으로 도움을 받는 것이 아니라면 오히려 대중의 평가를 받는데 마이너스로 작용될 여지가 크다. 즉, 어드바이저와는 어드바이저 계약을 체결해야 하며 단순 명의만 사용하는 것은 안 된다.

CHAPTER 4. 백서

- 백서란 무엇인가

백서란 국어사전에는 "정부가 정치, 외교, 경제 따위의 각 분야에 대하여 현상을 분석하고 미래를 전망하여 그 내용을 국민에게 알리기 위하여 만든 보고서" 또는 "사회적 . 정치적 또는 기타의 주제에 대해 조직 위상이나 철학 등을 기술한 논설" 이라고 나와 있다. 블록체인 업계에서 백서는 블록체인 기술을 활용해 해결하려는 문제의 개요, 해당 문제에 대해 블록체인을 활용했을 때의 제품, 아키텍처 및 사용자와의 상호 작용에 대한 자세한 설명을 포함하는 문서다. 그리고 발행하고자 하는 토큰을 언제, 어떻게, 얼마나, 왜 발행하는지에 대한 내용과 토큰을 통해 모은 자금을 어디에 쓸 것인지, 그리고 블록체인 프로젝트에 참여 하는 팀, 해당 프로젝트의 로드맵 등을 주로 담고 있다. 성공적인 블록체인 프로젝트 진행을 위해서는 실현 가능한 상세한 계획을 세워 작성한 백서가 필수적이다.

백서 외에 블록체인 프로젝트 진행을 위한 문서는 블록체인 프로젝트에 관한 원페이퍼 소개서, 프레젠테이션용 소개서인 PITCH

DECK, 블록체인 프로젝트 기술 관련해서 상세히 기술한 옐로 페이퍼(기술백서) 등이 있다.

원페이퍼 소개서 같은 경우 보통 1~3페이지 정도 분량으로 프로젝트에 대해 짧은 시간 안에 쉽게 이해할 수 있도록 만들어지고 있다.

프레젠테이션용 백서인 PITCH DECK의 경우 프라이빗 투자자대상으로 하는 IR(투자유치미팅) 또는 밋업 같은 오프라인상의 프로젝트의 프레젠테이션을 위해 보통 20페이지 이내에서 그리고 백서의 경우 모든 대중을 위해 프로젝트의 모든 내용을 담고 있는 20페이지 이상의 사업소개서라고 생각하면 된다.

추가적으로 블록체인 프로젝트가 진행하고 있는 비즈니스 관련기술 및 적용 블록체인 기술에 대해 상세한 설명을 위해 추가적으로 옐로 페이퍼 즉, 기술 백서를 따로 발간하기도 한다.

백서는 보통 기업이 주식시장에 IPO(상장)하기 위해 제출하는 증권신고서와 비교 할 수 있을 것 같다. 보통 IPO(상장)시 증권신고서 내용은 투자위험, 주식공개모집에 관한 내용(주식 모집 및 매출에 관한 내용), 회사의 개요, 재무에 관한 내용, 주주 및 임직원에 관한 내용 등 새로 주식시장에 상장하는 회사의 내용을 파악하기 위한 정보들이 상세히 적혀 있기 때문에 IPO 기업에 투자하기 위해서는 증권신고서의 내용을 상세히 파악해야 한다.

마찬가지로 해당 프로젝트의 주요내용을 파악 할 수 있는 백서의 분석은 블록체인 프로젝트에 대한 투자 검토 시에 필수적이다.

- 백서를 작성하는 방법

백서를 작성하기 전에 먼저 다른 ICO프로젝트를 검토하여 수행해야 할 일들을 확인 할 수 있다. 과거에 성공하거나 실패한 ICO의 벤치마킹을 통해 많은 것을 배울 수 있다. 인터넷을 뒤져서 어떤 ICO 프로젝트가 상당한 액수의 돈을 모금했는지 그리고 그것을 달성하기 위해 그들이 무엇을 했는지 상세히 파악할 경우 ICO 진행에 매우 큰 도움이 될 것이다. ICO 등급을 매기는 사이트에 가보면 과거에 진행했던, 현재 진행 중인, 미래에 진행 예정인 많은 ICO 프로젝트들을 볼 수 있다.

CoinRating : 진행예정 / 진행중 / 완료된 ICO에 대한 세부 정보를 제공하는 포괄적이고 신뢰할 수 있는 ICO 캘린더를 제공.

https://coinrating.co/

ICOBench : 투자자 및 전문가들로부터 등급을 제공하는 ICO 리스팅 사이트. 다양한 분야의 ICO에 대한 세부 정보를 제공.

https://ICObench.com/

ICO Drops : 진행예정 / 진행중 / 완료된 ICO의 등급 및 분석이 포함된 ICO 리스팅 사이트.

https://ICOdrops.com/

Smith & Crown : 암호화폐 시장, 블록체인 기술 및 ICO 프로젝트를 조사, 분석 보고서를 제공.

https://www.smithandcrown.com/

Token Market : 암호화폐에 대한 크라우딩 펀딩과 교환을 위한 플랫폼. 크라우드 세일즈 서비스와 ICO 리스트 정보를 제공.

https://tokenmarket.net/

여기에서 그동안 성공했던 또는 실패했던 많은 ICO 프로젝트의 팀, 고문, 백서, 그들의 마케팅 전략, ICO 등급 그리고 ICO투자 전문가들의 의견을 검토할 수 있다. 요즘에는 ICO 프로젝트를 진행하는 팀들이 많이 생기면서 처음부터 끝까지 백서를 대신 써주는 업체나 개인들도 생기고 있다. 필자가 전에 회사에서 직원 채용시 박사학위를 갖고 있던 면접자가 백서 작성을 대행하는 아르바이트를 하고 있다고 해서 그 지원자가 작성한 백서를 봤는데 굉장히 부실한 수준이었다. 보통 백서 작성을 위해서는 목표로 하는 시장에 관한 깊은 이해가 필요한데 이러한 백서 작성 대행업체의 경우 그러한 블록세인 프로젝트가 타겟으로 하는 시장에 깊은 이해가 없기 때문에 백서 작성 대행업체를 이용한다고 하더라도 백서의 첫 초안은 스스로 직접 쓰고 거기에 살을 붙이고 편집을 하는 부분만 대행업체에 위탁하고 대행업체와 심도 있고 지속적인 미팅을 통해 백서 작성이 이루어 져야 한다.

백서는 일단 한 가지 언어로 작성 후 타겟 국가별 번역을 하면 되고 보통 영어, 한국어, 중국어, 일본어 버전을 많이 작성한다. 보통 백서를 작성하는 경우 원페이퍼 소개서를 작성하고 풀버전 백서를 작성하는 경우도 있고 풀버전 백서를 작성하고 요약해서 원페이퍼 소개서를 작성하고 있는데 필자의 경험상 먼저 원페이퍼 소개서에 사업의 중요사항을 정리하고 그 다음 살을 붙여 풀버전 백서를 작성하는 것을 추천한다.

보통 블록체인 프로젝트가 비즈니스 컨셉을 확립할 때는 전통적인 스타트업과 동일하게 기존 문제점의 해결책을 찾아내는 데서 시작한다. 마찬가지로 백서를 작성하는 방법은 먼저 블록체인 프로젝트를 활용해 비즈니스를 진행하려는 시장에 대한 시장조사를 통해 기존의 중앙화된 시스템의 문제점을 파악하고 그것을 어떻게 블록체인기술과 암호화폐로 해결 할 것인가에 대한 방안을 찾아내서 그 해결책을 통해 토큰 경제구조를 설계하는 것이 가장 중요하다. 이를 위해 먼저 기존 중앙화되어 있는 시스템에 블록체인을 도입하는 것이 필요한지에 대해 검토가 필요하다.

- 중개자(브로커)를 제거하는가?
- 디지털 자산(암호화폐)으로 운용하는가?
- 디지털 자산의 영구적인 기록을 생성하는가?
- 높은 성능, 빠른 거래가 요구되는가?
- 솔루션의 일부로써 트랜잭션이 발생하지 않는 많은 데이터를 저장하고자 하는가?
- 신뢰하는 당사자에 의존하는가?
- 계약적 관계 또는 가치 교환을 관리하는가?
- 쓰기 권한의 공유가 요구 되나?

- 참여자는 서로 알고 신뢰하는가?
- 기능을 제어 할 수 있는 것이 필요하는가?
- 트랙잭션이 대중에게 공개되어 있는가?

블록체인의 종류는 보통 3가지로 나눌 수 있는데 프라이빗 블록체인, 퍼블릭 블록체인, 하이브리드 블록체인이며, 내가 진행하려는 블록체인 프로젝트가 어떤 것인지 확인해보자. CoinMarket Cap의 데이터에 따르면 현재 2,000개가 넘는 암호화폐가 존재하는데 이렇게 많은 블록체인 프로젝트 중에 우리가 진행하려는 프로젝트가 성공적인 ICO를 진행해 자금을 조달하고 경쟁에서 살아남으려면 토큰의 수요가 매우 높아야 한다. 이를 위해서는 프로젝트가 제공하는 제품 및 서비스가 필수적인 것이 될 수 있는 방법을 생각해서 백서에 작성하는 것이 매우 중요하다.

- 백서의 목차 및 주요내용

백서는 ICO는 프로젝트 유형에 따라 전적으로 달라지지만 보통 다음과 같은 몇 가지 일반적인 내용들이 포함되어 있다.

1. 프런트 커버페이지 : 슬로건, 블록체인 프로젝트의 주체의 주소 및 연락처 등을 기재한다. BI, CI, 로고는 국내 및 해외 비즈니스 추진시 상호 및 상표 등록 여부를 검토하고 필요하다면 여러

곳에 등록해두는 것이 좋다. 프로젝트 홍보를 시작하고 알려지기 시작하면 해당 프로젝트를 이용한 사기성 스캠이 등장할 수 있기 때문이다. 올해 가장 많은 펀드레이징을 완료한 텔레그램 같은 경우도 일반인을 대상으로 한 ICO 자금 모집은 진행을 하지 않았는데 텔레그램 ICO를 위장한 스캠성 ICO 홈페이지가 등장해 일반인들의 자금을 사기 치려고 하는 경우가 있었다.

토큰 심볼 로고는 차후 거래소 상장을 염두에 두고 거래소에 상장시 거래소 화면에 로고가 표기될 경우 디자인이 잘 보이고 토큰의 특성을 잘 반영해 로고만 잠깐 봐도 어떤 토큰인지를 구분할 수 있도록 디자인해야 한다. 예를 들어 토큰 심볼에 글자가 3글자 이상이 들어가면 좋지 않다. 또한 진행하고자 하는 프로젝트의 슬로건 즉 Catch Praise를 표지에 포함한다. 참고로 비트코인의 슬로건은 "A Peer-to-Peer Electronic Cash System" 이고 스팀잇 같은 경우 "An incentivized, blockchain-based, public content platform." 이다. 비트코인과 스팀잇의 슬로건에서 보듯이 슬로건은 대중들이 해당 프로젝트에 관해 이해 가능한 압축된 메시지가 필요하다.

또한 토큰 발행 주체의 지역을 명시하고 법인 명칭 및 주소지와 이메일 연락처 등을 담는 것이 좋다. 투자자 입장에서 법적인 절차가 제대로 되어 있지 않은 ICO 프로젝트를 스캠(사기)으로 생각할 수 있기 때문이다.

2 서문 Abstract : 백서의 목적과 그 합법성을 간단히 다룬다.

3 도입 Introduction : 기존시장의 문제점과 블록체인 기술기반의 해결책을 작성한다. 프로젝트가 성공하기 위해서는 기존시장에서 현재 필요한 해결책을 제공해야 한다. 그리고 이 솔루션은 경쟁자들이 제공하는 것보다 더 나아야 한다. 이를 위해서는 해당 시장에 대한 철저한 이해와 목표 대상을 알아야 하고, 무엇보다 중요한 것은 목표대상을 블록체인 프로젝트 생태계 참여자로 만들 수 있는 여건을 조성해야 한다. 도입부에는 사업을 통한 청사진인 미션과 비전을 함축적으로 보여주는 것도 좋을 것이다.

4 사업분야소개 : 해당 산업에 대한 전망, 시장분석, 시장의 문제점에 대한 좀 더 상세한 분석을 작성한다. 현재 시장에서의 경쟁사, 재무적인 통계 및 향후시장 동향, 잠재적인 성장률 등에 대해 심층적으로 분석한다. 이때 단순히 글을 통해서 작성하는 것보다 객관적인 데이터를 제시함으로써 당 산업에 대한 전문가라는 신뢰성을 줄 수 있다. 뿐만 아니라 타겟시장이 B2B인지 B2C인지를 포함하여 주요 대상 고객에 대한 분석 및 평가를 작성한다.

5 프로젝트소개 : 잠재적인 투자자를 대상으로 프로젝트가 무엇이고 어떤 세부 부분들로 구성되는지 설명해야 한다. 많은 블록체인 프로젝트들이 제공하겠다고 하는 제품 또는 서비스가, 단순히 아이디어 구현단계인 경우가 많은데, 프로젝트의 제품 및 서비스의 MVP, 프로토타입, 알파, 베타버전의 공개 일정과 세부적인 내용을 담는 것이 필수이며, 개발 전략 및 전체 목표 등 프로

젝트의 현재 상태에 대한 자세한 설명도 포함해야한다.

MVP : Minimun Viable Product의 줄임말로 프로젝트 아이디어의 최소기능만을 가진 제품 또는 서비스.

프로토타입 : 본격적인 상품화에 앞서 성능을 검증, 개선하기 위해 핵심 기능만 넣어 제작한 기본 모델.

알파버전 : 알파 버전은 개발 초기에 성능이나 사용성 등을 평가하기 위한 테스터나 개발자를 위한 버전.

베타버전 : 제품이나 서비스가 정식 출시되기 전에, 일반인에게 무료로 배포하여 제품의 테스트와 오류 수정에 사용.

정식버전 : 베타버전 테스트 후 나타난 문제점들을 보완한 최종 완성판.

또한 블록체인 기술과 연계한 프로젝트 설명이 필요하다, 상세한 블록체인 기술 및 컨센선스 알고리즘 내용을 추가하는데 기술적인 인프라가 어떻게 작동하며 그것이 토큰 생태계에 어떤 영향을 미치는지에 대한 내용을 담아야 한다.

블록체인 프로제트가 제공하는 제품 및 서비스를 작성할 때 예시는 다음과 같다.

- 블록체인 프로젝트가 제공하는 제품 및 서비스 소개

- 그래프, 표 및 계산이 포함된 제품에 대한 보다 자세한 설명

- 제품 및 서비스의 기술적 측면에 대한 자세한 설명

- 제품 및 서비스의 실용적 사용

이렇게 제품 및 서비스를 설명할 때 달성 가능한 이정표(마일스톤)를 명확하게 정의된 제품 계획이 있음을 자세히 설명하고 장기적인 경쟁력을 확보하기 위해 같은 시장에 존재하는 프로젝트와 비교해서 분석하는 것도 좋다.

블록체인을 어떻게 활용하는가?

블록체인 생산자의 입장에서 블록체인에 저장되는 데이터가 무엇이며 데이터를 블록체인에 올리는 생산자는 얼마의 비용이 들어갈 것이고 어떤 이익이 있을 것 인가에 대한 내용을 작성하고 블록체인 사용자 입장에서 블록체인 서비스를 이용하여 받는 사용자가 무엇을 얻게 되는지에 대해 작성하게 된다. 또한 블록체인 프로젝트를 추진하는 가장 중요한 이유인 기존에 중앙화된 시스템에 대해 탈중앙화 된 시스템을 도입함으로써 얻게 되는 이익이 무엇인지를 자세하게 작성한다.

블록체인 기술은 기존의 중앙화된 시스템의 문제점을 모두 해결할 수 있는 만능열쇠가 아니다. 만약에 탈중앙화를 통한 블록체인 기술을 도입함으로서 기존의 중앙화 된 시스템보다 우위가 없을 경우 블록체인기술을 도입할 이유가 없어진다. 즉, 탈중앙화

된 블록체인 기술을 도입함으로서 비용절감, 투명성 확대 등의 효과가 뚜렷이 기존에 중앙화된 시스템 대비 우위에 있어야 한다. 블록체인을 도입함으로 얻을 수 있는 이점은 다음과 같다.

첫 번째로는 보안성과 안정성 향상을 들 수 있다.

블록체인을 도입하면 기존의 중앙화된 서버에 데이터를 저장하는 것보다 상대적으로 보안이 뛰어나다. 중앙화된 서버에 모든 데이터를 저장할 경우 하나의 서버의 침입하여 위변조를 하면 보안에 치명적일 수 있다. 그러나 분산화된 블록체인 기술에서 수백개, 수천개의 컴퓨터를 해킹하는 것은 엄청난 비용과 노력이 들어감으로써 사실상 불가능하다.

또한 블록체인의 분산화된 장부는 한곳에 모든 데이터를 보관할 경우에 따르는 잠재적인 위험성을 해결 할 수가 있다. 예를 들어 금융회사의 중앙화된 서버에 문제가 발생할 경우, 금융거래에 불편을 겪는 수가 간혹 있는데 이러한 중앙화 된 서버에 블록체인 기술을 도입할 경우 서버역할을 하는 분산화 된 모든 컴퓨터에 문제가 생길 가능성은 희박하기 때문에 안정성이 향상된다.

두 번째로는 투명성 향상이다.

우리가 보통 블록체인이라고 표현하는 퍼블릭 블록체인은 모든 장부상의 거래기록이 기본적으로 일반 대중에게 공개 되어있다.

따라서 금융거래 같은 투명성이 중요한 분야에서는 블록체인의 활용이 많이 일어나는 추세이다.

세 번째로는 효율성을 들 수 있다.

중앙화된 시스템에 블록체인을 도입함으로써 비용절감 등을 통해 효율성을 높일 수 있다. 따라서, 최근 국내외 금융권에서 활발히 블록체인 기술도입에 관한 논의가 진행 중이다. 첫 번째 예로 해외 증권거래소에서 백오피스 등 운영비용 절감, 거래기록의 신뢰향상 을 목표로 거래시스템에 블록체인 기술을 접목하려는 움짐임을 보이고 있다. 두 번째 예로는 얼마 전 국내 은행들의 공동 블록체인 인증 시범 사업을 들 수 있다.

다음 단계로 블록체인 프로젝트가 기존의 중앙화 된 시스템의 대안인지, 아니면 탈중앙화 된 시스템에서만 작동할 수 있는지 대해 기술하고, 탈중앙화 시스템 도입에 의해 기존의 중앙화 된 시스템의 문제점을 해결하고 블록체인 생태계의 참여자들에게 고루 가치를 부여하고 그것이 지속가능 한 지에 대한 내용을 담는다. 또한 탈중앙화를 통해서만 생태계가 작동 할 수 있다면 중앙화 된 시스템으로는 왜 제대로 작동하지 않는 것인지에 대한 논리적인 근거를 제시해야 한다.

그리고 가장 중요한 발행하는 토큰(암호화폐)이 해당 블록체인 프로젝트의 생태계 참여자 사이에 어떤 역할을 하게 되는지에 대한 매커니즘인 토큰 이코노미를 기술한다. 토큰 이코노미는 관련해서는 다음 챕터에서 다시 자세히 설명하겠다.

6 비즈니스 모델 : 많은 블록체인 프로젝트들이 명확한 수익창출 모델에 대한 설명이 부족한데 단순히 글로 적는 것 보다는 여러 데이터를 도입해 왜 실현가능한지에 대한 객관적이고 논리적인 증거를 제시하는 것이 중요하다. 경쟁력의 명확한 우위를 작성하고 그것이 시장에서 실제로 실현가능한 경쟁력 인지에 대해 작성한다. 궁극적으로 블록체인 프로젝트를 진행하는 법인의 수익창출을 이뤄내지 못한다면 결국 파산으로 이어져서 해당 블록체인 생태계 또한 무너지게 될 것이다.

회사의 경쟁력의 객관적인 증거로써 지적재산권을 해당 프로젝트가 보유하고 있다면 특히 기술 회사의 경우, 특허나 다른 지적재산권을 백서에 이미지와 함께 포함 할 경우 프로젝트의 신뢰성을 높일 수 있을 것이다.

7. Risk Factors : 여기에는 ICO의 잠재적인 법적, 내부적, 산업적 관련 리스크가 포함되고 단순히 리스크를 기술하는데 그치지 않고 논리적인 대응 방안까지 포함해야 한다. 특히 해당 프로젝트가 참여하고 있는 산업이 어떻게 변화할 것이고 그에 따른 시나리오별 리스크를 기재하는 것도 투자자에게 도움이 될 것이다.

8. 토큰세일 (how many, why, how, when, and so on) : 토큰세일의 내용은 보통 토큰 매트릭스라고도 불리는데 토큰을 얼마나 많이, 왜, 어떻게, 언제 세일하느냐 등의 내용을 다루게 된다. 토큰세일은 프로젝트를 홍보하고 개발하기 위해 토큰을 발행하고 사용계획의 전반적인 내용을 작성하는데 크게 토큰 기본정보, 토큰 할당(분배), 모집된 자금의 사용방법이 포함되고 그밖에 토큰세일 일정, 각종 수수료 및 비용, 보너스 정책 및 각종 토큰 유통제한 정책들을 기술한다. 특히 ICO를 통해 모은 자금을 어디에 언제 어떻게 무엇을 위해 사용하는지 상세하게 작성하는 것이 신뢰를 높일 수 있다.

9. 로드맵 (타임라인 / 마일스톤) : 수행해야 할 사항과 예상 타임프레임을 기재하는데 실제로 달성 가능한 목표를 수립하고 작성한다. 만약에 현실적으로 실현 불가능한 목표를 작성해 실제 로드맵이 지속적으로 지켜지지 않을 경우 프로젝트의 신뢰성에 치명적 일 수 있기 때문에 상당한 주의가 필요하다. 로드맵은 ICO 관련 타임프레임과 블록체인 프로젝트가 제공하는 제품 또는 서비스의 출시시점을 위주로 작성되고 향후 몇 개월 또는 몇 년 동안 계획을 제시할 경우 프로젝트의 모든 터닝포인트(전환점)를 표시한다.

10. 팀 및 어드바이저 : 파운더(경영진)를 포함한 팀원 특히 기술 개발 조직과 경력자에 대한 상세한 설명이 가장 중요하고 사진을

포함한 학력과 이력 그리고 개인별 역량 등을 기술하면 되는데 진행하는 프로젝트의 비즈니스 분야에 연관성과 기존에 블록체인 프로젝트를 진행한 경험을 부각시키면 더욱 신뢰성을 높일 수 있다. 맴버 구성은 블록체인 프로그래머, 마케터, 카피라이터, PR 전문가, 디자이너, 콘텐츠 전문가, 분석가 등으로 구성된다. 최근 들어 40대 이상의 ICO 프로젝트 참여가 늘고 있으며, 경력이 많지 않은 20대, 30대 블록체인 팀원들은 경륜 있고 명성이 있는 어드바저의 영입이 필수적이다. 프로젝트가 속하는 산업의 전문가 또는 ICO 프로젝트에 참여한 경험이 있거나 법률 같은 각종 전문 분야의 전문가 위주로 영입이 이루어져야 한다.

11. Financial projection : 향후 블록체인을 활용한 사업을 진행하면서 이용 가능한 투자 자금이 어떻게 사용될지, 정식 제품 또는 서비스 출시 이후 몇 년간의 시장규모 및 해당 프로젝트의 시장점유율 등을 기반으로 한 예상 매출 및 이익 등의 내용을 담는다.

12.결론 ConclusionSummary, resume : 앞에 내용들에 대한 요약과 해당 블록체인의 목표를 다시 한 번 기술한다.

13. FAQa published collection of all possible questions : 모든 가능한 예상 질문에 대한 답변을 기술한다.

백서를 작성하는데 자본시장에서의 증권신고서와 같은 명확한 규정이나 제도는 없지만 백서를 작성 할 경우 필수적으로 포함해야 할 내용을 다시 정리하자면,

첫 번째는 블록체인 프로젝트에서 활용되는 토큰의 구체적인 역할 즉 토큰을 어떻게 활용할 것인지에 대한 내용이 포함 되어야 한다.

두 번째는 기존시장에 중앙화된 시스템을 탈중화 시킴으로써 기존 중앙화된 시스템보다 사업성이 있어 투자자의 관심을 끌 수 있어야 한다.

세 번째는 블록체인 프로젝트의 로드맵이 실제 세상에서 기술적으로 구현 가능하고 사업적으로 실현 할 수 있다는 인적, 물적 기반에 대한 객관적인 근거를 제시함으로 현실 가능성에 대한 신뢰성을 제공 하여야 한다.

네 번째는 팀원 및 파트너가 블록체인 프로젝트 진행에 적합한 역할을 할 수 있는 인물들인가를 자세히 기술해야 한다.

다섯 번째는 ICO 참여 이후 투자금의 환금성을 보유하고 있는지도 중요하다. 뿐만 아니라 ICO 이후 기관투자자들의 락업 여부 및 기간, 추가 발행이 있다면 그로 인한 인플레이션은 어떻게 방지할 것인지, 토큰 소각 같은 투자자를 위한 정책이 있다면 그로 인한 효과들을 적극적으로 백서에 기술하는 것이 좋다.

- 백서 작성하는 TIP

백서는 보통 출시되는 새로운 기술, 방법론, 제품 또는 서비스에 대해 알리는 공식 문서이기 때문에 그 구조의 측면에서 학술논문들과 비슷하다. 보통 격식을 차리고 학구적으로 작성함으로써 그 문서는 매우 기술적이고 전문적인 어조로 작성되는 경우가 초창기에는 많았지만, 최근 들어 백서는 기술적인 전통적인 백서보다 시각적으로 즐겁고 사용자 친화적으로 변해가고 있다.

백서의 저자들은 흔히 당면한 과제에 집중하는 대신 잠재적인 사용 사례와 기술에 대한 미래의 구현 가능성에 대해 장황하게 말하는 경향이 있는데 이는 지양해야 한다. 백서는 항상 사실적이어야 한다. 가정, 추측 및 검증되지 않은 내용을 담아서는 안 된다. 말할 필요도 없이, 백서에 문법적 오류, 철자 오류가 있어서는 안 되며 가능한 모든 것을 사실적으로 확인하는 것도 잊지 말아야 한다.

차트, 테이블, 사진과 같은 그래픽 기술은 백서를 더욱 매력적으로 만들고 신뢰성을 높인다. 읽기 쉬운 글꼴로 명확한 레이아웃과 설계를 유지한다, 또한 글머리 기호를 사용하여 내용 분할해서 이해하기 쉬운 단어를 사용하는 동시에 단순히 토큰을 판매하려고 하는 형식은 사용하지 말아야 한다. 백서에 코드 또는 저장소 링크의 몇 가지 예가 포함된 경우가 좋다. 기술 세부 정보를 더 많이 제공할수록 신뢰성을 높일 수 있다.

CHAPTER 5. 토큰 이코노미

- 토큰 이코노미란 무엇인가

토큰 이코노미란 암호학에 기반한 통화와 블록체인 생태계 참여자들의 네트워크에 관한 경제다. 투자가들에게는 블록체인 기술과 암호학도 중요하지만 투자결정을 하는 데는 사실 상 토큰 이코노미가 가장 중요하다. 토큰 이코노미는 토큰의 참여자들 즉, 토큰 구매자, 판매자, 서비스제공자 등이 블록체인 생태계의 활성화에 도움이 되는 행동을 자발적으로 하게끔 경제적 인센티브를 만드는 데 초점을 둔다. 또한 토큰 이코노미는 토큰 가격, 거래량, 제공되는 서비스의 기준을 측정하고 예측하고 기존의 전통적인 경제학과 게임 이론을 바탕으로 블록체인 프로젝트가 원하는 결과를 낼 수 있는 최고의 통화 시스템을 만드는데 목적이 있다.

여기서 게임이론이란 영리하고 합리적인 의사결정자라는 전세하에 각 의사 결정자의 반응을 고려해 그들 사이에 벌어지는 분쟁과 협동의 의사결정 행태를 연구하는 경제학 및 수학적인 이론을 말하는데, 비트코인의 창시자인 사토시 나카모토가 블록체인을 통해 게임이론의 난제였던 "비잔틴 장군의 문제"를 해결했다.

토큰 이코노미의 설계를 위해서는 블록체인 생태계에서 이뤄질 수 있는 모든 경제학적 연구를 반영하고 분산화 된 거래원장을 이용해 토큰 설계를 해야 한다.

토큰 이코노미는 단순히 전통적인 경제의 한 분야가 아니라 블록체인 생태계의 경제적 인센티브에 관한 경제 이론을 고려해 적용된 별도의 영역으로 보는 것이 맞을 것이고 토큰 이코노미는 특히 해당 프로젝트의 생태계의 참여자들이 활동하게 만드는 것에 관한 것이며, 참가자들 간의 적대적인 환경을 가정하고 경제적 상호작용을 이끌어 내는데 목적이 있다.

이를 위해 인센티브와 암호학을 이용한다. 또한 어떤 제3자에게도 블록체인에 대한 통제권을 주지 않는 권한이 분산화된 시스템에서, 우리는 시스템을 붕괴시키려는 나쁜 행위자들이 있을 것이라고 가정하고 이러한 나쁜 행위자들에게서 건전한 토큰 생태계를 지킬 수 있는 토큰 이코노미를 설계해야 한다.

즉, 토큰 이코노미는 블록체인 네트워크를 방해하려는 세력에도 불구하고 시간이 지나면서 번창하는 탈중앙화된 네트워크 시스템을 만드는데 목적이 있다. 이런 시스템의 기본은 블록체인 네트워크 내의 P2P(Peer to Peer)간의 통신을 안전하게 만드는 것이며 경제적 목적은 모든 행위자들이 네트워크에 기여하도록 유도해 시간이 지남에 따라 블록체인 생태계가 번영하게 하는 것이다.

그리고 토큰 이코노미의 설계는 문제점을 구체적으로 해결하기 위한 기획 설계에 해당하는 부분이다. 어떤 방식으로 토큰이 생성되고 블록이 형성되어 저장, 유통될지에 대해 밑그림을 그려야 한다. 이때 말로는 그럴싸하지만 기술적으로 토큰 자체 개발이 불가능해 질 수 있기 때문에 기술적인 부분까지 고려되어야 한다.

토큰 이코노미가 잘 설계되어 있다는 것은 토큰이 플랫폼 안에서 얼마나 잘 순환하는지를 의미한다. 만약에 토큰 이코노미가 잘못 설계되어 제대로 작동하지 않아서 암호화폐를 소유한 모두가 보유하려고만 하고 팔고 싶어 하지 않는다면 암호화폐 거래소 등 유통시장에서 암호화폐는 제대로 순환 되기 어렵다. 반대로 소유자들이 암호화폐를 지급 받자마자 팔고 싶어 한다면 암호화폐 가격이 계속 하락할 것이다.

즉, 생태계를 정교하게 구축해 놓지 않는다면 암호화폐들은 장기적으로 존재하기가 어렵다. 따라서 ICO에 투자하는 투자자 입장에 있어서 건전한 토큰 이코노미를 가지고 있는 토큰 생태계는 매우 중요하다. 결국 암호화폐의 가격이 올라가는 이유는 그 암호화폐가 오랫동안 많은 사람들에게 쓰일 수 있다는 기대 때문이다.

향후에 암호화폐가 더 다양한 수요가 있을 것 같다고 시장에서 판단한다면 그 암호화폐의 가격은 장기적으로 상승할 것이고, 반대로 수요가 없다고 보면 서로 매도를 할 것이다.

토큰 이코노미 생태계를 정교하게 구상하지 않는다면 아무리 좋은 비즈니스 아이디어를 내도 수급 불안정이나 기형적 유통구조로 인해 장기적인 블록체인 생태계의 발전은 불가능 할 것이다.

- 토큰 이코노미 예시 : 비트코인

비트코인 혁신의 시작은 서로 모르는 많은 참여자들이 비트코인 블록체인에 대해 신뢰할 수 있는 합의에 도달하도록 허용한다는 것이다. 이는 경제적 인센티브와 기본적인 암호화의 도구를 함께 사용하여 달성하게 되었다. 일단 비트코인의 토큰 이코노미는 경제적 인센티브와 비용에 의존한다. 비트코인의 경제적 보상은 블록체인의 거래내역을 담고 있는 블록을 생성하는 채굴자들이 블록체인을 지탱하도록 하는 데 사용된다. 채굴자들은 약 10분마다 채굴기라고 불리는 하드웨어를 통해 수학적인 계산 작업을 함으로써 새로운 블록을 생산하면 비트코인으로 보상을 받기 때문에 비용을 써서 채굴기라고 불리는 하드웨어를 구입해 채굴기를 작동시키기 위해 전기비용을 들여서 이러한 채굴이라고 불리는 행위를 한다. 이때 경제적 비용은 비트코인의 블록체인 안정성을 지켜준다. 비트코인 블록체인을 공격하는 가장 확실한 방법은 공격자가 블록체인의 이전 상태를 변경하기 위해 네트워크 해시파워의 51%를 통제하는 것이다. 하지만 이러한 해시파워를 통제하려면 하드웨어와 전기의 형태로 비용을 투입해서 앞에서 설명한 채굴이라는 행위를 해야 하는데 비트코인의 시스템은 의도적으로 이러한 채굴의 난이도를 조절해서 채굴에 들어가는 비용을 조절하기 때문에 이에 따라 대부분의 네트워크(51%)를 장악하는 것이 매우 비싸져 공격을 통해서 이익을 얻기가 힘들다.

이렇듯 만약 비트코인의 창시자인 사토시 나카모토가 이러한 경제적 인센티브를 세심하게 설계하지 않았다면, 비트코인의 혁신은 없었을 것이다. 사토시 나카모토가 채굴에 높은 비용을 들이지 않게 설계했다면 악의적인 의도를 가진 자에 의한 51% 공격에 따라 블록체인 네트워크에 대한 공격이 쉬울 것이다. 또한 채굴 보상이란 인센티브가 없다면 블록체인 네트워크에 기여하기 위해 하드웨어를 구입하고 전력을 사용해 비용을 지불하려는 채굴자도 없었을 것이다. 그리고 비트코인 생태계는 암호학에 의존한다. 개인키 암호화는 개인이 비트코인을 안전하고 독점적으로 제어할 수 있도록 하는 데 사용되고, 해시기능은 비트코인 블록체인의 각 블록을 "연결"하는 데 사용되며, 일련의 이벤트와 과거 데이터의 무결성을 증명한다. 이와 같은 암호학은 비트코인이 안정적인 시스템을 구축하는데 필요한 기본 도구를 제공한다. 개인-공개 키 인프라 같은 것이 없다면, 비트코인을 독점적으로 제어할 수 있다는 것을 사용자에게 보장할 수 없다. 해시기능이 없다면, 비트코인의 블록체인에 포함된 비트코인 트랜잭션의 기록을 완벽하게 보장할 수 없을 것이다. 일반적으로 P2P 네트워크(Byzantine General's 문제)에서 노드 간에 내결함성 및 공격성 합의를 달성하는 것이 불가능하다고 여겨졌다. 사토시 나카모토는 P2P 네트워크에 경제적 인센티브를 도입하여 2008년 발간된 비트코인 백서에서 이 문제를 해결했다. 암호화에 기반한 분산형 P2P 시스템은 새로운 것이 아니었다. 비트코인 이전에 이 P2P 시스템에 부족했던 것은 네트워크 참여자들을 위한 경제적 인센티브였다. 앞에서 설명한 채굴이라고 불리는 사토시의 작업 증명(POW) 합의 매커니즘 구현은 비잔틴 문제를 해결하는 새로운 방법을 소개했는데, 이게 바로 현재의 비트코인이다.

- 토큰 이코노미 설계방법

토큰 이코노미 설계시 가장 중요한 것은 첫 번째 참여자들의 자발적인 블록체인 생태계 참여를 이끌어 낼 수 있는 인센티브 시스템, 두 번째는 건전한 블록체인 생태계를 조성할 수 있는 토큰의 수요와 공급정책, 세 번째 악의적인 의도를 가진 일부의 이용자들이 블록체인 네트워크의 지속 가능성에 대해 배려하지 않고, 그들 자신의 이익을 위해 행동하는 이기적인 행동에 대한 방어정책 즉, 블록체인 생태계에서 악질적 공격자의 대한 방어일 것이다.

토큰 이코노미를 기존 경제학처럼 미시적인 관점과 거식적인 관점으로 나눠 봤을 때, 먼저 미시적 관점에서 토큰 이코노미를 보면 분산화된 블록체인 원장 시스템 내에서 발생하는 상호작용에 초점을 맞춘다. 즉, 블록체인 생태계 참여자들의 개별적이고 내성적인 특성에 관한 것이다.

그 다음 거시적인 관점으로 토큰 이코노미를 봤을 때는 탈중앙화된 블록체인 네트워크의 전체 생태시스템에 관한 것이다. 이는 거래소들, 규제 기관들, 거버넌스 팀 및 비즈니스 파트너와 같은 제3자의 종합적인 행동에 따라 달라지고 블록체인의 전체적이고 외생적인 특성에 관한 것이다.

일단 미시적인 토큰 이코노미 설계는 플랫폼 내에서 블록체인 참가자들이 자발적으로 생태계에 참여하도록 움직이게 하는 경제적 기능을 설계하는 것이다. 따라서 토큰 이코노미 설계의 결과는 토큰의 기능 및 참가자들에 따라 직접적으로 달라진다. 미시적인 토큰 이코노미 설계를 위해 고려해 할 사항은 다음과 같다.

일단 가장 먼저 고려해야 할 사안은 토큰의 유틸리티(사용성)다. 대부분 블록체인 프로젝트의 토큰은 유틸리티 토큰이라고 불리는데 이는 참여자들이 토큰으로 무언가에 사용 할 수 있는 토큰을 의미한다. 유틸리티 토큰의 경우 참여자가 자발적으로 토큰을 사용 할 수 있는 경제적인 동기를 부여하는데 초점을 맞춰 이코노미 설계가 필요하다.

토큰 유틸리티 평가

토큰 이코노미를 평가할 때 가장 중요한 것은 "토큰의 역할"이다. 전통적인 금융 시장은 기업에 투자할 때 기업의 주식을 취득하는 것을 고려한다. 주식은 주주들에게 배당을 제공하고 기업의 주요 의사결정에 대한 의결권을 주고 회사 재산에 대한 청산 권한을 준다.

토큰은 여러 면에서 기존 주식회사의 주식과는 다르다.

첫째, 대부분은 의사결정에 관한 투표권을 제공하지 않는다. 토큰이 소유자에게 이익의 일부를 부여하더라도 분배된 금액은 알고리즘을 통해 계산된다. 토큰 소유자는 배당금 분배 여부와 금액을 결정하는 의사결정에 참여할 수 없다. 게다가, 주주들과 달리, 토큰 보유자들은 법적 권리도 없고 법적인 잔여재산에 대한 권한도 없다. 토큰 이코노미를 평가할 때 토큰의 역할과 관련하여 더 많은 역할이 있을수록 좋고 비즈니스 모델을 단단하게 한다. 블록체인 프로젝트를 추진하는 멤버들의 창의성이 빛을 발해 토큰을 사용할 수 있는 많은 방법을 고안해야 한다.

만약에 유틸리티 토큰의 사용처가 모호하고 잘 설명되지 않을 경우 그 토큰의 가치는 매우 떨어질 것이다. 결론적으로 토큰을 사용할 곳이 없다면 토큰은 그냥 데이터에 불과하다는 것을 명심해야한다.

또한 블록체인의 합의 매커니즘이 필요할 경우 이에 대한 고려해야한다. 예를 들어 비트코인과 같이 채굴이라고 불리는 POW 합의 매커니즘을 채택 할 경우 채굴의 난의도, 채굴시 보상 및 합의 알고리즘 설정이 필요하다. 또한 비트코인 같은 경우 채굴의 보상이 일정시간이 지나면 줄어드는데 이처럼 필요할 경우 시간 경과에 따른 보상 변경정책 등도 고려해야한다.

토큰의 공급, 수요, 유통속도 그리고 토큰의 인플레이션 및 디플레이션 정책 등을 고려하고 통화로서의 가용성을 높여 줄 수 있는 거래 속도, 거래 수수료, 개인정보 보호 기능을 고려해야 한다. 마지막으로 앞서 설명한 악의적 공격에 대한 방어정책 등을 모든 각도에서 고려해야한다.

그 다음 거시적인 토큰 이코노미 설계는 토큰생태계 내부참여자들의 행동과 외부 이해관계자의 행동에 초점을 맞추고 설계돼야 한다.

거시적인 토큰 이코노미 설계를 위해 고려해 할 사항은 다음과 같다.

1. 토큰가격의 결정 : ICO를 통해 자금을 조달하려는 기업들에게 특히 중요하다.

2. 초기 유통계획 : ICO 또는 ICO의 변형형태

3. 펀드레이징 목표 (밸류에이션 및 마켓갭, 발행가격)

4. 증권성 / 증권규제 (Securities compliance)

5. 누가 사용하고 누가 구매할지에 대한 권한

6. 코인 가격 상승 및 변동성에 대한 외부 요인

7. 코인 가치에 대한 value drivers

8. 거래소의 유동성

9. 기업적 또는 개별적 용도/채택 (제품과 서비스의 수요, 제품과 서비스 교환 방법, 현재 기술 대비 비용 절감 또는 기타 이점)

10. 개발 및 업그레이드에 대해 중앙화 또는 탈중앙화 된 통제 방법

11. 로드맵 결정 및 수정권한

12. 거버넌스 및 보팅 (위의 모든 사항에 대한 결정은 어떻게 이루어지는가?)

*** 블록체인 프로젝트 거버넌스

블록체인 생태계에서 중장기적인 발전을 위해 가장 중요한 것이 거버넌스다. 거버넌스는 블록체인 생태계의 자원을 효율적이고 공정하게 분배하도록 관리하는 것이다. 참여자들의 합의 방식을 포괄하는 개념이기도 하다. 합의 방식이란 블록체인 생태계에서 사용하는 PoS, DPoS, PoW 뿐만 아니라, 블록체인 생태계에서 중요 결정사항에 대한 합의 방식을 포괄하는 개념이다.

블록체인 생태계상의 거버넌스는 왜 중요할까?

기존의 인터넷상의 생태계에서는 모든 결정권이 인터넷 상에서 서비스를 제공하는 주체(회사)에 있었다. 그러나 탈중앙화된 세상을 꿈꾸는 블록체인 네트워크상에서는 참여자에게 그 결정권한을 특정인이 갖는 구조가 아니라 블록체인 생태계의 참여자의 이익을 대변 할 수 있는 의사결정구조를 만드는 것이 무엇보다 중요하다.

그러나 블록체인 생태계의 참여자들 간에도 자신들이 이익을 대변하기 마련이고 그에 따라 참여자 간의 이해상충이 생기고 그에 따른 합의과정을 정립하는 것은 무척이나 중요하다.

블록체인 거버넌스의 중요 요소

인센티브 : 블록체인 각 참여자들은 인센티브가 있어야 해당 블록체인 생태계에 참여할 것이다. 이러한 인센티브가 다른 참여자

들과 항상 100% 일치하지 않기 때문에 참여자들은 각기 유리한 변화를 제안할 것이다. 그것들은 일반적으로 보상구조 또는 생태계 내의 결정 권한에 대한 내용들이다.

합의구조 : 블록체인 각 참여자들이 항상 의견이 일치하지는 않을 것이기 때문에 각 참여자들이 인센티브의 변화에 영향을 미치는 능력은 매우 중요하다. 한 참여자가 다른 참여자보다 이러한 인센티브 변화에 관련하여 영향력을 더 많이 갖고 있다면 그들에게 유리하게 변화를 유도할 것이다. 때문에 인센티브 구조 또는 주요 생태계의 변화에 관한 논의 시 어떻게 합의될 것 인가가 굉장히 중요하다. 그것이 바로 합의 구조이다.

*** 토큰 이코노미 평가 방법 (예시)

토큰 이코노미 설계 후 해당 토큰 이코노미가 얼마나 잘 설계되었는지 평가하기 위해서 아래에 질문에 답하고 얼마나 해당 하는지 참고해보는 것도 좋은 방법이다.

1. 토큰은 제품 및 서비스의 사용과 연결되어 있는가? 즉, 토큰보유자에게 제품에 대한 독점 사용 권한이 주어졌는가?

2. 블록체인 생태계의 합의 관련 투표 또는 기타 의사결정 요소에 대한 투표와 같은 권한을 토큰 보유자에게 부여하는가?

3. 토큰이 사용자에게 구축 중인 네트워크 또는 시장에 대한 가치를 부여 할 수 있게 설계 되었는가?

4. 토큰이 소유권을 부여하는가? (실제 가치인지 아니면 가치에 대한 대용인지)

5. 토큰 이코노미에 긍정적인 역할을 하는 일정한 작업을 수행할 경우, 작업에 투입된 비용 대비 높은 수익성을 보상 받는가?

6. 토큰 보유자에게 데이터(수동 작업)를 공유하거나 공개하는 것에 대해 가치를 부여하는가?

7. 토큰 보유자가 새로운 제품 또는 서비스를 만들 수 있는가?

8. 스마트 계약을 실행하거나 오라클 자금을 조달하는 데 필요한 토큰이 필요한가?

(오라클이란, 블록체인 외부에 있는 데이터를 블록체인 안으로 들여오고, 블록체인의 데이터를 외부로 내보내는 역할을 하는 주체. 쉽게 말해 갇혀 있게 된 생태계인 블록체인을 외부와 연결 시켜주는 하나의 다리(Bridge) 역할을 하는 것을 오라클(Oracle)이라고 부른다)

9. 토큰이 블록체인 운영의 일정 부분을 담보하기 위해 보증금으로 사용 가능한가?

10. 토큰은 어떤 용도에 지불되기 위해 사용되었는가?

11. 토큰이 블록체인 생태계의 참여자간 실제 연결을 해주는가?

12. 토큰이 제품 및 서비스 사용을 장려하기 위해 할인된 가격으로 제공되는가?

13. 토큰이 기본 지급 단위 토큰으로, 기본적으로 토큰 이코노미 내부 생태계의 통화로 작동하는가?

14. 토큰은 토큰 이코노미 생태계 안의 모든 거래에 대한 주요 회계(측정) 단위인가?

15. 블록체인은 토큰 보유자에게 이익을 분배 하는가?

16. 블록체인은 토큰 보유자에게 다른 혜택을 주는가?

17. 토큰보유자에게 인플레이션 또는 디플레이션에 관한 이점이 있는가?

위의 질문에 해당되는 사항이 많을수록 잘 설계된 토큰 이코노미라고 할 수 있을 것이다.

CHAPTER 6. 암호화폐의 종류

토큰 이코노미를 설계의 결과에 따라 토큰의 타입을 나눌 수 있는데 토큰의 타입은 크게 화폐형 토큰, 유틸리티형 토큰, 증권형 토큰, Commodity형 토큰, Hybrid형 토큰으로 나눌 수 있다. 보통 과거에 발행 되었던 토큰들은 대부분 화폐형 토큰과 유틸리티형 토큰이다. 그러나 요즘 들어 증권형 토큰, Commodity형 토큰, Hybrid형 토큰에 대한 많은 관심과 논의가 이뤄지고 있다.

화폐형 토큰 (코인)

화폐형 토큰은 보통 영어로 "Cryptocurrency", "Payment token" 으로 표시 할 수 있고 발행자에 대한 청구를 발생시키지 않지만, 재화나 용역을 취득하거나 가치를 이전하는 수단으로 현재 또는 미래에 사용되는 것이다. 대표적으로 비트코인, 이더리움 등이 있다.

유틸리티 토큰 Utility Token

유틸리티 토큰은 발행자로부터 제품 또는 서비스(응용 프로그램)를 받을 권리 또는 디지털 접근 권한을 허용하기 위한 토큰이다.

또한 유틸리티 토큰은 개발된 블록체인 기반 플랫폼 또는 앱 내에서 내부 결제 수단 역할을 한다. 대부분에 ICO를 진행하는 토큰은 유틸리티 토큰이다.

증권형 토큰 Security token

증권형 토큰은 발행자에 대한 채무 또는 지분 청구와 같은 자산을 나타낸다. 예를 들어, 토큰 보유자에게 미래의 자본 흐름이나 블록체인 프로젝트의 수익에 대한 일부 또는 전부를 제공할 수 있다. 증권형 토큰은 다시 주식형 토큰과 채권형 토큰으로 구분할 수 있다.

주식 증권형 토큰

주식형 토큰은 보유자에게 회사의 경영에 투표할 수 있는 권리를 주고 경제 활동에서 배당 등의 이익을 얻을 수 있는 토큰이다. 주식형 토큰은 블록체인 네트워크 개발에 자금을 조달하는 데 사용되지만, 제공하는 제품 또는 서비스에 이용에 사용되지는 않는다. 이름에서 알 수 있듯이, 주식회사의 주식이 회사의 권리의 공유 표시인 것처럼 "주식형 토큰"도 블록체인 네트워크의 권리의 공유로 볼 수 있다. 주식형 토큰 보유자는 블록체인 네트워크에서 매출 공유 또는 거래 수수료의 형태로 배당을 받을 수 있는 권리가 있다. 많은 경우 이러한 주식형 토큰은 분산형 자율기구(DAO)의 토큰을 나타낸다

채권 증권형 토큰

채권형 토큰은 일정 기간 동안 명목가치에 대한 표시와 함께 토

큰 발행자의 매입 의무를 기록하는 토큰이다. 이것은 블록체인 네트워크에 대한 '대출'로 볼 수 있다. 스팀은 스팀 달러의 형태로 발행된 채무 증권을 가진 몇 안 되는 네트워크 중 하나이다. 스팀은 네트워크에 의해 채굴된 암호통화로, 스팀 파워나 스팀 달러를 사는 데 사용될 수 있다.

Commodity형 토큰

금, 은 등의 물질적 자산을 토큰화 하여 분배하는 방식의 토큰.

Hybrid형 토큰

위의 여러 가지 토큰 타입을 혼합한 토큰

블록체인 프로젝트를 추진할 경우 어떤 유형의 토큰이 해당 프로젝트의 요구 사항을 충족하는지 그리고 프로젝트가 추진되는 지역의 규제를 충족하는지 신중하게 고려해야 한다.

이는 일반적으로 제안된 토큰의 모든 측면과 그 기능에 대한 철저한 법적인 분석이 필요하다. 토큰은 규제 목적에 따라 유가증권과 마찬가지로 취급될 수 있고 법적인 유가증권 규정에 따라야 할 수 있고 ICO 발행자와 중개자에 대한 정부의 허가를 받아야 할 수도 있다. 이처럼 증권형토큰은 발행사의 입장에서도 안정적이고 효율적인 자금 조달 방법이지만 여러 가지 규제로 인해 아직은 크게 활성화되어 있지는 않다. 최근 들어 유틸리티 토큰의 한계 때문에 많은 논의가 이루어지고 있는 상황이기는 하다.

- 발행할 토큰 종류를 결정해야 한다

암호 화폐는 크게 세 가지로 구분 할 수 있다. 프로젝트가 진행하고자 하는 블록체인의 형태와 토큰 이코노미에 따라서 ICO를 통해 자금을 모집할 토큰의 종류를 결정해야 한다.

1.지불형(가치 저장 수단의) 토큰
2.증권형 토큰
3.유틸리티형(기능을 위한) 토큰

지불형 토큰 (Payment Token)
가장 대표적인 암호화폐의 종류는 지불형 토큰, 또는 가치 저장 수단 토큰이다. 비트코인, 비트코인캐시, 대시, 모네로 등 순수 가치 저장 수단에만 사용되는 1세대 암호화폐들과 EOS, 이더리움과 같은 가치 저장 수단과 더불어 플랫폼 내에 스마트 컨트랙트 기능까지 사용가능한 2세대, 3세대 암호화폐들을 포괄한다. 지불형 토큰은 금전 또는 가치의 이전 기능 때문에 '자금세탁방지법' 규제의 적용을 받는다.

증권형 토큰 (security token)
증권형 토큰은 주식이나 채권과 같은 기능을 하는 암호화폐를 말한다. 블록체인 기업들이 ICO를 진행하면서 토큰 구매자들에게 수익의 일부를 배당해주겠다고 약속을 하는 개념이다. 단순히 토큰의 가격 상승 외에도 배당금을 약속하면서 ICO 투자자들에게 또 하나의 메리트를 부여하면서 투자자를 모집하는 수단이다. 증권법 규제 대상이 되어 현재는 대부분의 나라에서 주식이나 채권과 다를 바가 없기 때문에 강력하게 규제하고 있다. 미국 증권거래위원회(SEC)는 증권형 토큰 발행 기업이 ICO를 진행할 때 모든 정보를 공개하고 등록 심의를 거쳐야 한다고 규정하고 있다.
심의를 통과해 ICO를 마치고 거래소에 상장한 이후에는 토큰을 상장시킨 거래소까지 SEC의 감시 대상이 된다. 이렇게 까다로운 증권법 적용으로 인해 대부분의 증권형 토큰은 사실상 금기시 되고 있다. 심지어는 일부 기업들의 경우 증권형 토큰을 발행하면서 유틸리티 토큰인 것처럼 위장하는 사례도 벌어지고 있다.
리플의 경우 증권법 위반 논란이 끊임없이 제기되고 있다. 발행주체가 중앙화되어 있고 독점적인 발행주체가 공급을 제한해 토큰 배분을 제한한다는 주장이 제기되면서 몇 차례 고소되기도 했다.
현재 ICO를 진행하려는 기업들은 단기적인 투자자모집을 위해서 증권형 토큰 형태로 무리하게 진행하기 보다는 현재의 법률적, 정치적 상황을 보면서 규정에 맞는 ICO 형태를 갖는 것이 장기적으로 유리하다.

유틸리티형 토큰 (Utility Token)

블록체인에 기반한 서비스를 이용하기 위한 수단으로 사용된다. 교환 수단이 아닌 특정 어플리케이션이나 서비스를 이용하기 위해서만 사용된다. 법의 규제대상에서 제외된다. 최근에 나오는 대부분의 ICO들은 바로 유틸리티형 토큰이다.

CHAPTER 7. 법률

- KYC(Know Your Customer)와 AML(Anti-Money Laundering)

암호화폐의 갑작스러운 등장으로 우리나라는 물론 전세계의 암호화폐에 대한 명확한 기준이 아직 정립되지 않은 상황이다. 법적 규제도 하루가 다르게 변화하고 있기 때문에 손해를 보거나 처벌을 받지 않으려면 현행법과 관련하여 최대한 지킬 수 있는 부분은 지켜야 한다. 컨퍼런스(Conference)나 밋업(Meet up)에 참가하면 항상 중요시하면서 듣게 되는 내용이 있을 것이다. 바로 **KYC**와 **AML**이라는 단어이다. 자금 거래 및 이에 상응하는 비즈니스를 하는 금융기관과 관련 회사들은 반드시 KYC와 AML 규정을 준수해야 한다. KYC는 단어의 의미만으로 본다면 고객에 대한 기본 정보를 확인해야 한다는 의미로서 고객의 실제 당사자 여부, 거래목적 등을 확인하는 절차를 의미한다.

AML은 자금의 출처와 용도에 관한 사항이라고 할 수 있으며 자금 세탁방지나 테러 지원여부 등 관련 금융위험을 방지하고자 자금의 출처 및 최종 수령인에 대해 분석 및 확인하는 절차이다. 자금 세탁 방법으로 마약, 골동품, 미술품, 보석, 고가 자동차, 부동산 및 사치품 등이 사용되어 왔고 최근에는 암호화폐도 이 목록에 이름을 올렸다.

KYC는 **CDD (Customer Due Diligence)**로도 알려져 있다. KYC는 AML의 세부 항목이긴 하지만 AML의 과정과 무관하게 반드시 이루어져야 하는 절차이다. 따라서 KYC와 AML을 처리할 수 있는 적절한 시스템을 갖추어야 하며 이를 준수하지 않을 경우 각 국가 정부에서는 해당 기관 및 기업을 제재할 수 있다.

현재 금융권의 규제가 강화되고 있는 추세이므로 프로젝트의 경우 KYC 절차를 엄격하게 진행하여 추후 금융 관련 규제 위반의 위험성을 줄이는 것이 중요하고 코인의 성격에 따라 요구되는 절차가 다르므로 구체적으로 확인해야한다. ICO 참여 제한 국가가 있기 때문에 참여자의 국적과 신원 파악이 확실하게 필요하다. 신분증을 직접 가지고 대면해서 확인하기 어려우므로 신분증을 들고 본인의 얼굴이 나오게 사진을 찍어서 받아야 하며 거주지 증명 또한 필요하다.

인증 가능한 서류로는 공과금 청구서, 입출금 내역서를 포함한 계좌 증명, 주민등록 등초본 등이 있는데 신원 증명 서류로는 영문이 포함되어 있는 여권으로 받는 게 가장 좋으며 거주지 증명은 영문으로 표시된 주민등록 등초본을 받는 것이 가장 좋다. 거래의 투명성과 정부에서 거래 고객의 대한 정보를 요구할 수도 있어서 대부분 ICO는 필수적으로 시행하는 것이 좋다.

KYC 진행 시 필요한 목록
이름
생일
국적 및 주소지
신분증 종류선택 및 신분증 사본
이메일 주소
암호화폐 지급 주소
본인의 얼굴과 신분증 상의 얼굴을 매칭

객관적 검토를 위해 KYC업체를 이용하는 것이 좋으며 KYC를 진행해주는 법무법인의 조언을 받는 것이 중요하다.

- ICO 법인 선택 방법 및 국가

ICO업무와 관련해서 가장 궁금해 하는 사항은 'ICO를 진행할 국가 선택을 어디로 해야 하는가'이다. 점차적으로 많은 국가들이 ICO를 합법화하려고 노력하고 있지만 이러한 모든 국가의 법을 다 알 수는 없고 동일한 국가에서 진행했더라도 프로젝트의 산업분야나 구조에 따라 진행하는 방법이 천차만별이기 때문이다.

현재 국내 기업이 선택한 국가로는 스위스, 싱가포르, 지브롤터, 몰타, 홍콩, 에스토니아 등이 있다. 물론 조세 회피 지역인 케이만, 버진아일랜드, 버뮤다 등도 있으며 런던, 파리와 같은 대도시에서 진행하려는 시도도 있다. 태국, 필리핀, 리투아니아 같은 새로운 지역에서 시도하려는 움직임도 있다. 이렇게 많은 국가에서 ICO를 진행할 수 있지만 특정 국가를 선택하기에는 정보가 너무 부족하기 때문에 대부분 가장 많은 프로젝트가 진행되었고 현재도 진행되고 있는 싱가포르를 선택하는 경우가 많다. 다음으로는 에스토니아, 홍콩, 몰타, 스위스, 지브롤터 순으로 많이 선택되고 있다. 싱가포르를 가장 많이 선택하고 있는 이유는 선진적 금융제도와 함께 아시아에서 가깝다는 점이다. 그리고 국가 차원에서 ICO를 금지하고 있지 않아 법인 설립이 쉬운 편이기 때문이다. 또 지금까지 많은 한국 기업들이 법인을 설립하고 프로젝트를 진행해왔기 때문에 에이전트 선택의 폭이 넓다는 이점도 있다.
하지만 싱가포르도 은행계좌 개설은 아직도 어려운 편이며 ICO 이후에 자금을 한국에 들여오기도 쉽지 않다. 이에 따라 다른 국가를 선택하고자 하는 니즈(Needs)가 계속 생겨난 것이다. 싱가포르의 ICO 진행 시 가장 어려운 점으로 꼽히는 것은 법인세 처리와 암호화폐를 환전하는 것이다. 이에 따라 현재 몰타나 지브롤터가 떠오르고 있고 영국의 런던과 프랑스 파리 등 다양한 국가가 제안되고 있다. 심지어 조세 회피 지역마저도 하나의 후보로 떠오르게 된 것이다.

다만 많은 법무법인들이 조세 회피 지역을 활용하거나 복잡한 구조의 거래 형태는 최대한 피하고자 한다. 또한 정확한 규제가 나와 있지 않은 모호한 국가에서 하는 것도 추천하지 않는다. 다른 프로젝트들이 많이 선택해왔던 지역 중에 선택하는 것이 가장 바람직하겠지만 그 중에서도 진행하고자 하는 프로젝트의 특성을 고려해 가장 적합한 곳을 찾는 것이 중요하다. 사업 모델에 따라 인허가를 받기 쉬운 곳을 선호하거나 협력 업체가 많이 있는 지역을 찾거나 지역적인 특색이 필요한 곳을 선택하는 것이 좋다. 이렇게 많은 국가를 두고 프로젝트들이 시간, 비용, 절차, 증권성 검토, 세금 정도의 선에서만 선택을 하려는 오류를 범한다.
따라서 이 중에 선택 후보를 최대한 줄인 후 비슷한 ICO 업체의 진행에 대해 비교 후 선택해야한다. 또한 각 국가의 규제 상황은 수시로 바뀌고 있으며 ICO를 많이 진행해 본 국가의 전문가들일수록 법을 저촉하지 않는 방향으로 진행할 다양한 방법을 제시하고 있기 때문에 현지 전문가들의 전문성 및 해당 국가와 한국과의 진행 과정이 수월한지 등을 고려하여 가장 적합한 국가를 선택하는 것이 좋다.

해외법인 시 주의점

현지 법무법인/회계법인의 선임이 필요하다. 반드시 필요한 부분이며 ICO컨설팅 업체와 진행하더라도 현지 법무법인/회계법인을 선임하는 것이 바람직하다. 이 때 ICO 경험 있는 곳을 선정하고 레퍼런스 체크를 하는 것이 중요하다.
또한 사업모델에 필요한 라이선스/신고 등의 행정 절차를 반드시 확인해야한다. 현지 법인을 설립하는 경우 서비스의 내용과 지역적 접근성 및 규제 현황 그리고 비용 등을 종합적으로 고려해야 한다. 법률적으로 ICO가 가능하더라도 은행 등의 금융권에서의 상황도 반드시 검토해야한다. 이러한 절차 진행 중에도 국내에서 해외 직접투자 신고 등의 절차를 준수해야 하며 주주간 계약 등 법인 운영에 따른 리스크를 고려해야 한다.

- 국가별 ICO 규제

스위스 ICO

2세대 블록체인 플랫폼인 이더리움이 발행됐던 곳으로 암호화폐 시장에서 활발히 선택되고 있으며 주크(Zug)시는 크립토밸리(Crypto Valley)라고 불릴 정도로 암호화폐와 블록체인 시장에 친화적인 모습을 보이고 있다. Bancor, DAO, Status, Tezos와 같은 4개의 대형 ICO가 스위스에서 진행됐고 국내에서 최초로 ICO를 진행한 보스코인도 스위스에서 진행됐다. 이렇게 스위스를 많이 선택하는 이유는 이들의 정책이 암호화폐와 친화적이기 때문이다. 대부분의 다른 국가와 마찬가지로 ICO를 직접적으로 규율하는 법률을 제정하지 않고 있어서 현행법 내에서 ICO를 허용하고 있다. 스위스 금융 시장 감독 기구인 (FINMA, Financial Market Supervisory Authority)는 17년 9월 ICO 가이드라인을 발표 했다. 또 다른 이점은 스위스는 선진적인 금융시스템과 블록체인 친화적인 정치 형태를 갖고 있고 전반적으로 블록체인 산업이 활성화되어 블록체인 관련 전문 기술자를 보다 쉽게 구할 수 있고 다양한 관련 행사들을 접하기도 쉽다.

FINMA는 토큰/코인을 3가지로 구분했는데 지불형 토큰, 유틸리티 토큰, 자산형 토큰이다. 지불형 토큰은 단순하게 재화나 서비스 제공에 대한 대가로 사용된다. 유틸리티 토큰은 서비스를 향유하는데 이용되는 토큰이다. 마지막으로 자산형 토큰은 재산적 가치가 포함되어 회사 지분, 이익 분배 등에 사용된다.
따라서 블록체인 프로젝트 상에서도 물리적인 형태의 자산 거래를 할 수 있다. 위의 세 가지 형태는 서로 분리되어 있는 것이 아니기 때문에 중복되어 속할 수도 있다.

토큰은 앞서 말한 세 가지 성격에 따라 규제가 다르게 적용된다. 만약 이와 다르게 증권형(securities)의 성격을 띠게 된다면 증권 관련법을 따라야 한다. FINMA는 지불형 토큰에 대해서는 증권이라고 판단하지 않지만 법률이 새롭게 개정되거나 선례가 생긴다면 판단에 변화가 생길 수 있다.
유틸리티 토큰의 경우에도 토큰이 애플리케이션이나 서비스에 대한 이용 수단이라면 증권이라고 판단할 수 없다. 하지만 투자의 목적을 가지고 이용된다면 증권으로 분류될 가능성도 있다. 현재는 많은 ICO 프로젝트들이 유틸리티 토큰을 발행하더라도 서비스의 직접적인 제공이 없는 경우가 대부분이지만 경우에 따라서는 FINMA가 증권으로 해석할 여지가 있다.
반대로 FINMA는 자산형 토큰은 증권에 해당된다는 점을 분명히 했다. 심지어 Sale 기간 동안 토큰을 제공하지 않고 나중에 토큰을 받을 권리만 판다면 토큰의 성격과는 상관없이 증권으로 해석될 가능성이 매우 높다고 밝혔다. 이렇게 증권으로 분류가 된다면 해당 ICO 프로젝트는 스위스의 증권법을 따라야 한다.

스위스는 규제 적용 가능성에 대해 열어놓았기 때문에 ICO를 통한 조달 자금의 운용이나 지불형 토큰에 대한 자금세탁방지법 등에 관련된 절차를 확인해야 한다. 스위스는 FINMA를 통해 지불형 토큰이나 유틸리티 토큰도 증권으로 해석될 가능성을 제시한 것이다.

스위스는 ICO에 대해서 선진적으로 대응하고 있는 편이지만 많은 ICO가 몰리면서 원하는 서비스를 원하는 기간에 받지 못할 수도 있고 스위스의 법률 자문 비용은 다른 국가에 비해 상당히 높은 편으로 알려져 있다. 이런 상황이므로 상대적으로 비용과 시간이 많이 소요될 수 있다. 자금이 여유롭고 천천히 탄탄하게 하고 싶다면 스위스를 선택하는 것도 하나의 방책이다.

앞선 과정에서 법인이나 재단을 설립하고자 스위스로 모든 초점을 맞추었더라도 스위스에서는 은행에서 먼저 계좌를 개설하도록 한다. 하지만 ICO 프로젝트 자체만을 위한 신생 법인을 설립하는 경우 은행에서 신규 계좌를 개설하는 것은 '하늘의 별 따기'로 볼 수 있다. 따라서 스위스에 법인을 설립하고자 한다면 첫 단추부터 힘든 여정이 될 수 있다. 계좌 개설 없이 진행하는 현물 출자를 하는 방법을 고려할 수도 있겠지만 이에 대한 감정을 받는 과정도 쉽지 않다.

결론적으로 자금이 충분하고 시간도 충분하다면 스위스는 좋은 선택지가 맞다. 국제적인 신뢰도가 높고 금융시스템이 예측 가능하기 때문에 운영을 하는데 보다 수월할 수 있다. 하지만 결국 시간과 비용이 모두 많이 소요된다는 말과 일맥상통하기 때문에 충분히 고려해보아야 할 것이다.

장점
FINMA를 통한 ICO 가이드라인 존재
(지불형, 유틸리티형, 증권형으로 분류)
선진적 금융시스템 보유
국제적 신뢰도가 높음
암호화폐와 친화적이며 명료한 규제 프레임워크 적용

단점
높은 비용
신규 계좌 개설 후 법인 설립 가능
(신규 계좌 개설이 매우 어렵다)
접근성 떨어짐

싱가포르 ICO

싱가포르는 많은 ICO 프로젝트들로부터 가장 사랑을 받고 있는 국가이다. 싱가포르가 가장 인기 있는 국가로 선정될 수 있었던 이유는 스위스와 비슷하다. 바로 선진적인 금융시스템과 높은 국제적 신뢰도 때문이다. 또한 정치적으로 안정감을 가질 수 있다는 점도 중요하다.

다른 이유로 영어를 사용한다는 언어적 이점을 꼽기도 하고 현지에 자주 방문하기 위한 지리적 이점을 꼽기도 한다. 이는 우리나라에서 볼 때, 홍콩을 제외한 스위스, 에스토니아, 지브롤터 등에서 ICO를 하는 것보다 가깝다는 장점이 있다.

싱가포르의 ICO 시장은 아직도 성장세이며 규모는 벌써 미국과 스위스를 이어 세 번째라고 알려져 있다. 아직까지도 직접적으로 규제할 수 있는 법은 없고 가이드라인만 있기 때문에 가이드라인을 기본적으로 지키면서 현행법에 따라 진행하면 된다.
2017년 11월에 싱가포르 중앙은행에서 발표한 이 가이드라인에서도 스위스 FINMA와 마찬가지로 토큰의 구조와 성격에 따라 적용하는 법이 달라짐을 명시한다.

토큰의 성격에 대해서는 다시 한 번 다루겠지만 간단히 말하면 토큰에 회사의 지분이 포함되거나 토큰 보유자가 회사에 대한 책임을 부담하게 되는 경우 등에 대해 증권형으로 판단한다.

싱가포르에서는 500만 싱가포르 달러를 넘지 않거나 50명 이하의 모집 인원이라면 예외의 경우로 보지만 대체로 이 기준을 넘어가기 때문에 예외가 될 확률은 매우 적다.

이렇게 토큰이 증권으로 판단되면 아무리 싱가포르에서 ICO를 하더라도 절차가 매우 복잡하다. 증권 업무를 하기 위한 면허를 받고 증권 공모를 위한 절차도 수행해야 한다.

이 과정에서 많은 손실이 발생할 수 있기 때문에 증권이 아닌 형태로 토큰을 설계하는 것이 좋다.

싱가포르는 재단을 설립하는 경우가 아니라면 법인으로 설립을 하는데 1~2일이면 충분하다. 대신 필요한 서류를 미리 준비해두는 것이 좋다. 최소자본금에 대한 특별한 규정이 없어 자본금의 규모와 상관없이 법인을 설립할 수 있지만 싱가포르 현지인이나 워킹 비자를 가지고 있는 외국인을 최소 1명이상 필수적으로 이사진에 포함해야 한다. 필수적으로 진행해야 하는 KYC(Know Your Customer 개인인증) 절차도 까다로운 편이라 신원조회에 시간이 많이 소요되는 편이다.

싱가포르도 스위스와 마찬가지로 신규 계좌를 개설하는 것이 쉽지 않다. 이렇게 ICO 프로젝트 관련 기업의 신규 계좌를 개설해주지 않으려고 하다 보니 싱가포르 법인과 계약을 하여 진행하는 경우가 있는데 이는 복잡한 계약 구조와 세무/회계 처리에 어려움이 생기므로 추천하지 않는다. 따라서 백서부터 시작하는 ICO의 일련의 과정을 투명하고 진실되게 어필하여 신규 계좌를 개설한 후 진행하는 것이 맞다고 할 수 있다.

싱가포르에서 워낙 많은 ICO 프로젝트가 진행되다 보니 로펌이나 컨설팅 업체에 대한 평가를 역으로 진행해보는 것도 중요하다. 싱가포르에서는 요구되는 절차가 특별히 더 많은 만큼 신뢰할 수 있는 로펌이나 컨설팅 업체를 통해 진행하는 것이 바람직하기 때문이다. 싱가포르는 스위스보다 비용도 적게 들고 언어의 이점과 지리적 이점 때문에 국내 기업들에게 가장 알맞은 장소가 될 수도 있다.
하지만 선진적인 금융시스템과 회사법이 있다는 점이 오히려 많은 절차를 거치게 하고 ICO 전후로도 준수해야하기 때문에 선택하기 전 다시 한 번 고민을 해보는 것이 좋다.

장점
접근성 높음
선진적 금융시스템 보유
영어 사용을 통한 언어적 이점
마케팅 강국
암호화폐에 친화적이며 명료한 규제 프레임워크 적용
높은 투자자 신뢰도
많은 기업이 진행했기 때문에 선례가 많고 다수의 경험을 보유한 전문가 접촉 용이
핀테크 기업 보조금 지원
비교적 낮은 세율(법인세 17%, 자본이득 비과세)

단점
SFA 규정에 따라 금융시장 상품의 경우 어려움이 있음
법인 설립시 현지 이사가 1명 이상 필요함
신규 계좌 개설이 어려움
KYC 강화 되는 추세

홍콩 ICO

최근 싱가포르의 성장세에 밀렸다고는 하지만 홍콩 또한 싱가포르와 같이 아시아에서 가장 많은 ICO가 진행된다. 국내 기업으로 한빛소프트가 진행했던 '브릴라이트 코인'도 홍콩에서 ICO를 진행했다.

홍콩을 택하는 가장 큰 이유는 아시아 금융의 중심으로 잘 알려져 있을 정도로 금융시스템이 선진적으로 정비되어 있다는 점이다. 또한 기관 투자자를 구하는 것도 상대적으로 수월하다. 싱가포르는 한국과 가까워 최근 국내 프로젝트들의 많은 선택을 받고 있다면, 홍콩은 ICO를 금지하고 있는 중국과 가까워 중국에서 발생하는 투자 수요를 빠르게 수용할 수 있다. 신규 계좌를 개설하는 것도 다른 국가에 비해 상대적으로 쉬운 편이며 싱가포르와 같이 영어를 통한 언어적 이점을 가질 수 있다.

앞서 언급한 싱가포르와 마찬가지로 법인 설립에 소요되는 시간은 비슷하다. 현지 법인에 최소 1명의 이사진을 필요로 하는 것도 같은 점이지만, 싱가포르와 다르게 현지인을 선임할 필요는 없다.

소득세율이나 법인세율도 홍콩이 싱가포르보다 낮고 현지인을 이사로 선임하지 않아도 된다는 차이점 때문에 홍콩이 싱가포르보다 법인 설립이 쉽다고 볼 수 있다. 게다가, 중국과 관련된 서비스를 포함하고 있다면 홍콩이 최선이라고 볼 수 있다.

단순히 중국을 타겟으로 하거나 중국 규제에서 좀 더 자유롭고 싶다면 홍콩보다는 싱가포르를 택하는 것이 나을 것이다. 시간, 비용, 현지 이사 선임 등의 정량적인 이유로만 국가를 선택하는 것이 아니기 때문에 시장과 비즈니스 모델, 투자자 유치와 관련한 지역을 고려하는 것이 좋다.

홍콩도 증권형 성격을 가진다면 규제 대상이 된다. 2017년 9월 홍콩 증권선물위원회(Securities & Futures Commission of Hong Kong, SFC)는 ICO 규정에 관한 성명을 발표했다. SFC는 ICO를 통해 제공되거나 판매된 디지털 토큰에 대해 증권선물거래법(the Securities and Futures Ordinance, SFO)상 유가증권으로 분류되어 홍콩 증권 관련법이 적용될 수 있음을 밝혔다. 이러한 토큰은 세 가지로 분류하여 볼 수 있다. 첫째, 토큰이 기업의 지분을 나타낸다면 주식으로 볼 수 있다.
둘째, 발행자에게 채무나 책임을 인정하는데 사용된다면 사채로 볼 수 있다. 마지막으로 토큰 보유자가 수익금에 대한 목적으로 ICO 프로젝트에 투자하고 ICO 프로젝트를 운영하는 사람이 자금을 공동으로 관리하는 경우라면 집합투자기구(CIS)로 볼 수 있다.

유가증권으로 판단 될 위험이 있다면 SFC에 활동 허가를 받거나 등록 절차를 진행해야 한다. 실제로 2018년 2월 홍콩 증권선물위원회(SFC)는 7가지 암호화폐에 대한 증권성을 검토한 후 위조지폐로 판단하여 거래를 중단시키고 해당 업체에 대한 조사가 진행 중이다.

유리한 점에도 불구하고 비용은 스위스나 영국 수준으로 비싸기 때문에 자금상황을 고려하여 진행하는 것이 좋다. 또한 규제에 대한 부분을 고려하여 홍콩에서 ICO를 진행하고자 한다면 좀 더 많은 주의를 기울여야 할 것이다.
홍콩 정부에서는 스위스나 싱가포르처럼 가이드라인을 제시하거나 뚜렷한 정책을 내세우지 않고 있기 때문에 홍콩과 스위스의 핀테크 협회(Fintech Association of Hong Kong, Swiss Finance and Fintech Association)가 발표한 암호화폐에 관한 보고서를 실질적인 기준으로 보고 있다.

장점
투자자 신뢰도 높음
기관 투자자를 구하기 쉬움
신규 계좌 개설 상대적 용이
선진적 금융시스템 보유
한국에서 접근성 용이
영어 사용을 통한 언어적 이점

단점
SFC 규정에 따라 증권형의 경우 ICO 규제
현지 법인에 대한 이사 선임(단, 싱가포르와 다르게 현지인일 필요는 없음)
높은 비용
소극적인 정부의 육성 정책

몰타 ICO

2018년 3월 세계에서 가장 큰 암호화폐 거래소라고 할 수 있는 바이낸스(Binance)가 본사를 아시아 지역에서 몰타로 이전하겠다고 발표하고 뒤이어 홍콩 기반의 암호화폐 거래소인 오케이엑스(Okex)도 몰타로 확장한다고 발표했다. 몰타의 암호화폐 친화적인 성격을 다시 한 번 확인하며 사람들의 몰타에 대한 관심도 더욱 커졌다.

몰타는 이탈리아 남단에 있는 지중해 연안의 섬나라로 인구는 40만 명이 조금 넘는 수준이다. 몰타어가 따로 존재하지만 영연방 국가로 EU에도 소속되어 있기 때문에 영어 또한 공식적으로 사용하는 국가다.
몰타는 관광을 주된 사업으로 하던 국가지만 정부의 암호화폐나 ICO에 대한 친화적 정책과 상대적으로 낮은 세금으로 각광받기 시작했다.

몰타에서 진행하는 ICO의 경우 몰타의 금융규제기관인 MFSA(몰타 금융서비스기구, Molta Financial Services Authority)를 통하여 관리된다. ICO와 암호화폐에 친화적이지만 백서에 대해서 MFSA의 승인을 거쳐야한다.

물론 다른 지역과 마찬가지로 정부의 암호화폐 친화적 정책과 은행의 실무에는 차이가 있기 때문에 신규 계좌 개설이나 이용에는 어려움이 존재한다.

몰타 정부는 2018년 4월 암호화폐와 블록체인 기술에 관한 정책을 담은 3가지 법안을 발의했다. 몰타 디지털 혁신기구 법안(Malta Digital Innovation Authority Bill), 가상 금융 자산 법안(Virtual Financial Assets Bill), 기술 협정 서비스 법안(Technology Arrangements and Services Bill)이다. 앞서 언급한 다른 국가와 비슷하게 이 법안은 ICO를 통해 발행되는 토큰의 성격에 따라 ICO 절차를 달리하도록 했다.

유틸리티형 토큰(Utility token)의 경우 분산원장기술(DLT) 내 토큰이 해당 분산원장 플랫폼 밖에서는 유용성, 가치성, 응용성의 효용가치가 없고 다른 재화로 교환할 수 없으면 비증권형 이라는 것이다. 이런 경우 백서를 제출하여 승인을 받으면 ICO를 할 수 있다. 비증권형 토큰도 일정한 기술적 조건과 거래에 필요한 라이선스가 필요하다.

반면에 분산원장기술(DLT) 플랫폼 밖에서도 재화로서 가치가 있거나 다른 재화로 교환할 수 있으면 증권형 토큰(Security token)으로 분류했다. 이런 경우 EU의 금융 상품 투자 지침(MiFID : Markets in Financial Instruments Directive) 규제를 받게 된다. 따라서 증권형 토큰의 경우 MiFID 조건에 부합하는 계획서를 MFSA에 제출하고 인증을 받아야 한다. 상대적으로 엄격한 절차가 필요하다.

이러한 조건이 있지만 몰타에서 ICO를 하는 것은 장점이 많기 때문에 앞으로도 더 활발하게 진행될 것이다. ICO를 위해서는 법인 설립이 필수적이지만 몰타의 경우 다른 국가보다 까다롭지 않다. 최소자본금이 필요하지만 약 150만원 정도로 부담이 되는 수준은 아니며 법인 설립이나 ICO를 진행하는 비용은 싱가포르와 비슷하다. 즉 스위스나 홍콩 등과 비교하면 저렴한 편이라고 할 수 있다.

법인 설립에 소요되는 시간도 길지 않다. 법인 설립 기간은 제출한 서류에 문제만 없다면 2일이면 가능하다. 법인세 및 자본 소득세는 35%의 세율을 적용하지만 외국기업에 대해서 다양한 할인혜택을 통해 30%를 감면 받아 5% 정도로 집행되는 것이 일반적이다. 또한 다른 국가처럼 현지 이사를 선임해야 할 의무도 없다.
모든 법인은 최소 1인의 서기(Secretary)가 필요하지만 서기의 국적이나 거주지의 제한이 없다. 최소 주주는 1인 회사가 아닐 경우는 2인 이상 필요하지만 주주를 법인으로 구성할 수도 있고 이 또한 국적이나 거주지의 제한이 없다.
법인의 주소는 몰타에 있어야 하고 1년에 1회 이상의 주주총회를 실시해야 하지만 반드시 몰타에서 진행할 필요는 없기 때문에 ICO를 하는데 있어 유리하다.

암호화폐 업계에서 큰 획을 담당하고 있는 바이낸스와 오케이엑스가 몰타로 이전하면서 은행과의 거래를 확약 받거나 향후 몰타에서의 은행 거래는 좀 더 쉬워질 전망이다. 이렇게 주요 거래소들이 계속해서 몰타로 이전한다면 ICO 진행을 마친 후에도 거래소에서의 환전 절차도 좀 더 편리해질 수도 있다. 또한 외국인 투자법인에 대한 세제혜택도 충분히 관심이 갈 수 있다.

장점
영어 사용을 통한 언어적 이점
암호화폐에 친화적이며 명료한 규제 프레임워크 적용
비교적 짧은 법인 설립 기간
법인 설립 및 운영 비용이 저렴
현지 이사 선임의 의무가 없음

단점
접근성이 떨어짐
증권형의 경우 ICO 절차가 복잡함
국제적 신뢰도가 높지 않음

에스토니아 ICO

에스토니아는 블록체인과 암호화폐에 대해 친화적인 국가 중 하나로 인기가 많다. 외국인들도 외국에서 100유로 정도의 수수료를 지불한다면 에스토니아의 전자시민권인 E-Residency를 취득할 수 있다.
그 후에는 Private Limited Company 형태의 법인은 온라인으로도 설립이 가능하다.

법인 설립 시 법인의 주주 및 이사는 1명 이상을 필요로 하지만 다른 국가들처럼 에스토니아 현지인을 선임할 필요는 없다. 최소 자본금은 2500유로이며 법인 설립 수수료는 145유로이고 법인 소득세율 또한 20%로 다른 국가와 비교해도 굉장히 저렴한 편이다. 이러한 점 때문에 국내 기업들이 싱가포르 다음으로 가장 선호하는 국가이다.

에스토니아도 다른 국가들과 마찬가지로 직접적으로 ICO를 규율하는 법령은 없는 경우로 유틸리티형 토큰을 제외하면, 엄격하게 기존 법에 따른 절차를 거쳐야 한다. 즉 다른 국가들과 동일하게 유틸리티형 토큰이 아니라면 엄격한 평가와 기존 법률을 저촉하지 않도록 해야 한다.

금융 감독원(FSA, Financial Supervisory Authority)에서는 면허가 없거나 증권 공모를 위한 안내서를 등록하지 않은 ICO법인에 대해 경고를 내렸고 비트코인의 교환 수단이 지급 수단 서비스라는 대법원의 판례가 나오면서 자금 세탁 방지법(AMT, Anti-Money Laundering)과 테러 자금 방지법(CFT, Countering Financing Terrorism)에 대한 준수를 중요시하고 있다.

아무리 에스토니아에서 ICO를 진행하는 것이 비교적 수월하다고 하지만 에스토니아도 유럽연합(EU) 소속 국가로 이에 따른 ICO 규정을 따르는 경우가 많다. 또 에스토니아에서 실시하는 ICO는 증권시장법(SMA : Securities Market Act)과 소비자 보호법 등에 의해 규제된다. 신규 계좌 개설 시 KYC와 AML 수행여부를 요구하기 때문에 미리 준비해 두어야 한다.
에스토니아는 비용적인 부분과 법적 규제에 있어서 장벽이 매우 낮은 편이다. 하지만 증권법과 관련하여 토큰의 성격에 따라 선택하는 것이 중요하다.
미국의 하위테스트(Howey test)를 이용하는 경우도 있기 때문에 증권성을 판단하는 범위가 확장될 수도 있다.
따라서 유틸리티형 토큰이라면 매우 유리하지만 증권형 토큰의 여지가 있다면 조금 더 면밀히 진행해야 한다.
또한 싱가포르나 홍콩에 비해 국내에서 접근성이 좋지 않기 때문에 다른 국가들과도 비교해보고 토큰의 성격에 따라 진행하는 것이 좋다.

장점
비교적 짧은 법인 설립 기간
법인 설립 및 운영 비용이 저렴(온라인으로도 설립 가능)
현지 이사 선임의 의무가 없음
KYC 및 AML 절차가 복잡하지 않음
EU를 기반으로 한 선진적 금융시스템 보유

단점
접근성 떨어짐
증권형의 경우 ICO 절차가 복잡함
이익 배당 시 법인세 20%로 높음

지브롤터 ICO

지브롤터도 많은 ICO 프로젝트들이 선택하는 곳 중에 하나이다. 지브롤터는 암호화폐에 대해 국제 자금 세탁방지기구(FATF : Financial Action Task Force)를 통해 새 법률을 채택했으며 '디지털로 거래될 수 있고 교환 매체로서 가치를 가지지만 관할권에 합법적인 입찰 상태가 없음'이라고 밝혔다.

투명성을 중시하기 때문에 자금 세탁 방지법(AML : Anti-Money Laundering)과 테러 자금 방지법(CFT : Countering Financing Terrorism) 규정을 준수해야 한다. 분산원장기술(DLT) 제공 업체에 적용되고 지브롤터에서 토큰 세일을 실시하는 사람들에게 적용된다. 토큰 세일은 지브롤터 금융서비스위원회(GFSC : Gibraltar Financial Services Commission)가 직접 감독하여 진행한다.

최소 자본금에 대한 제한은 없지만 2000파운드 정도가 일반적이며, 법인 설립 기간은 최소 5일정도 소요된다. 부가가치세, 양도소득세, 금융소득 등에 대한 세금이 없고 법인세율은 10% 정도이며 지브롤터 외에서 얻은 이익에 대해서는 과세하지 않기 때문에 유리한 점이 많다. 또한 다른 국가처럼 현지인 인사를 선임할 필요는 없다. 하지만 신규 계좌를 개설하는데 현지인 이사가 있을 경우 더 유리하다.

지브롤터도 직접적인 규제를 하지 않기 때문에 많은 ICO 프로젝트들이 선택하고 있는 것이지만 예외적인 활동이 3가지 있다. 토큰의 판촉에 의한 판매 및 배포를 하거나 2차 시장 플랫폼을 운영하거나 토큰과 관련된 투자 및 부수적 서비스를 제공한다면 규제를 받을 수 있다.

장점
ICO 수익에 대한 세금을 부과하지 않음
현지 법인의 해외 수익에 대한 과세를 하지 않음
현지 이사 선임의 의무가 없음
선진적 금융시스템 보유
영어 사용을 통한 언어적 이점
법인 설립이 용이
통화 안정성 높음

단점
접근성 떨어짐
국제적 지명도 떨어짐
ICO 관련 법안 도입 예정에 따른 리스크
투자와 보조적인 서비스에 대해 미흡

- 국가 선택 후 재단과 법인의 선택

ICO(Initial Coin Offering)를 하고자 하는 국가를 선정하고 나면 재단으로 설립할지, 법인으로 설립할지에 대한 선택을 해야 한다.

ICO를 재단으로 하는 이유는 재단은 비영리법인이기 때문에 영리 활동이나 수익 활동은 제한적으로 허용된다. 하지만 비트코인(Bitcoin)이나 이더리움(Ethereum)과 같은 메인넷(main net: 독립된 생태계)을 지향하는 암호화폐는 대부분 재단의 형태로 진행되었다. 메인넷을 개발하는 형태가 다른 프로젝트에게 플랫폼을 제공하는 성격을 띠기 때문에 그렇다고 볼 수도 있을 것이다.

영리 활동이나 수익 활동에는 제한적이지만 재단으로 설립하면 면세 혜택을 받을 수 있다. 이에 따라 최대한 많은 자금을 개발비와 사업비 등으로 면세 혜택을 받으면서 이용할 수 있다. 또한 재단의 경우 정부의 감독을 받으며 투명하게 자금 집행을 하고 있다는 명목으로 투자자에게 호감을 얻을 수 있다.
하지만 ICO 프로젝트의 일반적인 경우 영리 활동을 위해 재단보다는 법인 설립이 유리할 것이다. ICO를 통한 경제적 이점을 얻는데 비영리법인이라고 말한다면 그저 면세 혜택을 위해 일부러 재단을 선택했다고 비칠 수 있다.

이러한 위험에도 재단을 통해 ICO를 진행하고자 한다면 자금 집행 절차가 까다로운 것을 인지하고 있어야한다. 단순히 회사의 승인으로 집행되는 것과 달리 정부나 이사회 승인이 필요한 경우가 있기 때문에 원하는 시점에 맞춰 돈을 필요한 만큼 투입하지 못할 수도 있다. 또한 재단으로 진행하는 경우 국내 법무법인뿐만 아니라 현지 법무법인에게도 정부의 조사와 사후 과세에 대한 고지를 받을 수 있다.

따라서 공익성을 위한 메인넷 개발이나 자금 집행에 대해 투명하게 공개하고 엄격한 심사를 거치는 경우가 아니라면 재단보다는 법인을 설립하는 것이 좋다.
또 중요한 것은 ICO를 할 때는 현지 법률에 관한 검토뿐만 아니라 국내법에 따른 검토도 필요하다. 국내 혹은 해외의 ICO 컨설팅 업체와 함께 진행을 하는 경우에 국내 혹은 해외 어느 한 쪽은 검토를 거치지 않아 국내법 혹은 해당 국가의 법에 위반되는 경우가 종종 있다. 따라서 현지 법무법인 및 국내 법무법인 모두의 검토를 필요로 한다.

- ICO 전면금지 법적근거

ICO 열풍이 다소 주춤하고 있지만 아직까지도 뜨거운 열기는 남아있다. 하지만 한국은 현재 ICO를 전면금지하고 있기 때문에 해외에서 법인이나 재단을 설립하고 ICO를 진행하는 팀들이 많다. 특히 열풍의 중심이던 시기에 너무나 많은 ICO 프로젝트가 생겨났고 이와 함께 SCAM(사기)성 프로젝트들도 적지 않게 생겨나면서 블록체인 산업에 대한 반감이 많이 생겼다.
하지만 이런 힘든 시기를 거치면서 투자자도 성숙해지고 많은 내형 기업도 블록체인으로 사업범위를 확장하면서 단순한 아이디어와 백서만이 아닌 리버스 ICO를 하려는 움직임이 많이 생겨났다.
이에 따라 다시 한 번 ICO의 붐이 일면서 정부의 규제에 대한 관심이 뜨겁다.

2017년 9월부터 형태에 상관없이 모든 ICO를 금지한다는 정부의 방침이 있었지만 실제로 기존 법령이 개정되거나 새로운 법이 제정되지 않았다. 판례가 없고 명확한 법률을 제정하지 않았기 때문에 불안감을 갖고 강행하기보다는 많은 기업들이 해외에서 ICO를 진행했다.

ICO는 Initial Coin Offering의 약자이며 IPO(Initial Public Offering)라는 주식시장 용어에서 유래 된 것으로 잘 알려져 있다. IPO는 주식시장에서 기업의 기존 주권이나 새로 발행하는 주권을 공개적으로 판매해 투자자를 모집하는 것으로 보통 상장과 동시에 이루어지는 경우가 많고 상장을 한다면 기업의 정보를 투명하게 공개해야 한다. ICO와 IPO 모두 기업에 대한 정보를 공개하고 투자자를 모집하는 것이므로 비슷하다고 할 수 있다. 다만 ICO는 프로젝트가 블록체인과 관련한 비즈니스 모델을 바탕으로 제작한 백서를 공개해 투자자를 모집한다.
백서는 기존 주식시장의 사업계획서와 비슷하다. 그러나 ICO는 IPO와 같이 받은 돈에 대한 주권을 주는 것이 아닌, 암호화폐(이더리움 기반의 프로젝트가 많기 때문에 이더리움을 받는 경우가 많음)를 받고 그만큼 프로젝트가 새로 발행하는 토큰을 준다.
그렇다면 왜 ICO에 대한 규제를 하려고 하는 것일까? IPO는 참여하게 되면 회사의 주권을 받게 되고 이는 곧 회사의 주주가 되는 것이다. 주주가 된다면 회사의 경영에 직접적으로 참여를 할 수 있는 의결권을 갖게 되고 이익이 발생할 경우 배당을 청구할 수 있다. 또 회사가 청산을 하고자할 경우 잔여재산의 분배에 대해 청구할 수 있다. 하지만 ICO는 참여 보상으로 토큰을 받게 되는데 이는 일반적으로 어떠한 권리나 가치를 보장하지 않기 때문이다.

IPO는 투자자를 보호하기 위해 엄격한 규제로 통제하고 절차도 복잡하게 되어있다. IPO를 진행하면 증권법에 기반해 신고하고 수리를 받아야 하며 위반하는 경우 형사 처벌될 수도 있다. 상장 기업에 대해서 일반인도 모두 알 수 있도록 투명하게 공개해야 하며 중요 정보에 대해 허위로 기재하거나 기재하지 않았을 때 손해배상에 대한 책임을 질 수 있다. ICO는 투자자 보호를 위한 안전장치가 없고 실질적인 Fundamental 없이 백서만 보고 투자를 받기 때문에 위험성이 높다고 판단하는 것이다. 한국에서는 2017년 9월 증권성을 갖는 암호화폐는 자본시장법을 통해 처벌할 것을 밝혔고 더 나아가 ICO를 전면 금지하겠다고 발표했다. 하지만 그 어떤 법적 근거도 제정하지 않았다.
ICO 열풍이 불면서 유사 수신 등을 이용한 사기와 투기에 대한 위험성이 증가하자, 과열된 시장을 컨트롤하려는 의도로 보여 진다. ICO에 대한 법적 규제를 할 수는 없지만 이를 통해 발생하는 투자 형태를 국내에선 증권형태로 판단하여 자본시장법과 유사수신행위법에 따른 법적 처벌을 받을 수 있다. 국내에서 ICO를 진행하는 것은 아직까지도 법적 위험이 존재한다.
ICO 과정에서 높은 수익을 보장하거나 허위, 과장된 내용을 백서에 기재하여 투자자를 모집하는 경우 사기죄로 처벌받을 수 있다. 따라서 백서를 작성하는 경우 실현 가능한 내용으로 로드맵을 설정하고 실행해야 한다. 또한 백서와 관계없이 투자자를 이용하여 다단계 형식의 투자를 받는다면 이는 방문판매법에 의해 처벌받을 수 있다. 여기서 말하는 다단계란 ICO 프로젝트 측에서 다른 투자자 모집을 도와준 투자자에게 수당을 지급하거나 하위로 등록되는 경우를 말한다(방문판매법상 다단계 판매업자로 등록한 자만 다단계판매가 가능).

ICO 프로젝트가 가장 조심해야 할 법 중 하나는 유사 수신이다. 유사수신행위는 인가나 허가를 받지 않거나 등록, 신고를 하지 않은 상태에서 불특정 다수인으로부터 자금을 조달하는 행위를 말한다. 쉽게 말해 장래에 원금 보장, 이익 보장, 손실 보전 등을 약정하고 금전을 받는 행위를 뜻한다. ICO를 진행할 때도 참여자들에게 원금을 보장해준다는 등의 약정을 하게 되면 유사수신행위에 해당되어 처벌받을 수 있다.

장래에 출자금의 전액 또는 이를 초과하는 금액을 지급할 것을 약정하고 출자금을 받거나 사채를 발행하고 매출하는 행위 등을 한다면 유사수신행위에 들어가게 되어 제재를 받을 수 있음을 분명히 알아야 한다.

현재 ICO를 정부에서 전면금지하고 있고 대부분의 국가에서도 암호화폐의 증권성에 대해서는 현행법에 따라 처벌하는 경우가 있다. 국내에서는 자본시장법을 적용하는 경우가 대부분이기 때문에 이러한 리스크를 피하도록 구조를 설계하는 것이 바람직하다. 해외에서 법인을 설립하고 진행하더라도 한국인이 참여하거나 외부에서 모은 자금을 국내에서 사용할 때에 발생하는 법적인 문제를 최대한 자문을 통해 피해야 한다.

*** 각 나라의 금융당국 규제

스위스의 금융시장감독위원회 (FINMA.Swiss Financial Market Supervisory Authority)

스위스의 FINMA도 지불형과 유틸리티형, 증권형을 구분하고 있으며 지분권과 같은 권리가 있는 증권형 토큰의 경우 스위스 금융시장법을 따르도록 하였다. 지불형 토큰은 증권 관련법의 적용을 받지는 않으나 자금세탁방지법의 적용은 받는다. 유틸리티형 토큰은 단순한 서비스를 이용하는 성격의 토큰으로 법률 규제를 하지 않는다. 이렇게 발행 이후에 유통 과정에서도 법적 규제를 우려하고 규제가 강화됨에 따라 증권형 토큰에 대해 꺼리고 있다. 많은 규제를 받다보니 상대적으로 자유로운 유틸리티형 토큰으로 선택을 많이 하는 추세라는 것이다.

미국의 SEC 등은 해당 암호화폐의 가치가 충분한지, 발행 주체가 탈중앙화 되어 있는지를 주요한 판단 기준으로 삼아 비트코인이나 이더리움에 대해서는 증권법을 적용하지 않는다고 밝혔다. 증권성에 대한 규제를 피하기 위해 투자자에게 약간의 노동을 하게 하여 이에 대한 보상을 지급하는 방식을 활용하는 경우도 있다.

증권형 토큰에 대한 규제가 심한 상태이지만 내부적으로는 증권형 토큰이 블록체인 업계에서 가장 대세가 될 것으로 보고 있다. 자산의 토큰화가 가능하기 때문에 앞으로도 계속 발전해 나갈 것으로 보인다. Tzero의 경우는 증권형 토큰을 발행하고 거래할 수 있는 거래 플랫폼을 개발해 프로토타입 까지 공개했다. 증권형 토큰 시장은 앞으로 계속 커질 것이지만 정책 불확실성으로 주춤한 것으로 볼 수 있으며 정부에서 하루 빨리 가이드라인을 제시한다면 유틸리티형 토큰보다 증권형 토큰으로 대세가 넘어갈 수 있다.

ICO를 하는 이유는 프로젝트가 하는 가장 대표적인 자금 조달 방식이고 여기에 참여하는 경우 참여자의 기여도에 따라 받을 수 있는 토큰의 양이 늘어날 수 있다는 것이다. 이렇게 토큰의 효용성에 의해 가치가 평가되는데 토큰은 단순 화폐의 가치나 이용권으로만 볼 수 있는 것이 아니기 때문에 성격을 나눠놓은 것이다. FINMA의 가이드라인 발표를 통해 많은 국가에서도 ICO에 대한 명확한 지침을 가질 수 있게 되었다. 스위스에서 ICO를 하는 경우에는 정확한 지침을 통해 진행할 수 있으며 발생할 수 있는 여러 가지 경우의 수에 대해 대응할 수 있다.

싱가포르 통화청(MAS)의 A Guide to Digital Token Offerings

싱가포르는 ICO와 관련하여 2018년 11월에 가이드라인을 발표했다. 싱가포르 정부는 사전 허용 후 사후 규제를 한다는 원칙으로 ICO를 전면 금지하고 있는 국가와는 다르게 선진적인 형태를 취하고 있다. 이 가이드라인은 ICO에 대한 증권법 적용 기준을 마련하고 있다. 암호화폐가 유가증권이나 외환 거래와 같은 목적의 금융상품인 경우 유가증권법에 따라 발행되어야 한다고 명시되어 있다. 증권에 대한 정의에 부합하는 토큰일 경우 증권법에 따라 증권으로 취급하며 이 경우 발행인과 중개자는 영업허가증을 보유해야 한다. 또한 증권성이 인정되면 해당 토큰은 싱가포르 당국의 감독 하에 놓인다. 이와 같이 싱가포르 또한 스위스, 홍콩과 같이 자금 조달 방법에 대해 선진적인 규제 방안을 제시하고 있으며 자본시장 상품성이 있는 경우에 대해 기존 법률과 규제를 따르도록 하였다.

미국증권거래위원회(SEC)의 규제에 따른 SAFT(Simple Agreement For Future Tokens) 계약 개발

일반적인 ICO 수행에 있어서 토큰의 발행은 투자 즉시 이루어질 수도 있지만 투자 계약서 SAFT(Simple Agreement For Future Tokens) 방식의 ICO 수행은 미래의 특정 시점에 대한 토큰을 발행/지급해서 권리를 판매하는 형태이다. 미국 증권거래위원회의 규제에 따라 스타트업이 합법적으로 법률을 준수하면서 자금을 모으는데 사용할 수 있는 간단하고 효율적인 프레임워크를 만드는 방법으로 간주되고 있다. 프로젝트 개발자는 SAFT를 통해 해당 투자자로부터 자금을 수령하지만 투자자에게 해당 ICO의 토큰을 즉시 판매/제공하지 않는다. 대신 토큰을 만드는데 필요한 네트워크 및 기술을 개발한 다음 이 토큰을 판매할 시장이 생길 것으로 예상하여 투자자에게 이러한 토큰을 이후에 제공한다. 즉, 토큰 분배의 부재로 인해 유틸리티 토큰의 창설 이전까지 해당 가상 토큰이 한시적으로 증권으로 간주된다.

미국의 하위 테스트(Howey test)

하위 테스트(Howey Test)란 1946년에 미국 대법원이 설립한 테스트 방법으로 특정 계약이 '투자 계약'으로 간주되어 미국 증권법의 적용을 받을 수 있는지 결정하는 간단한 방식이다. 하위 테스트는 예전에 하위 컴퍼니가 오렌지 수익을 농장 임대인들에게 분배한 사건에서 유래된 것으로 하위 컴퍼니는 농장의 절반을 투자자에게 팔면서 농장을 재임대 받음과 동시에 투자자는 농장 임대 소득과 오렌지 재배 소득의 일부를 보장받도록 했다. 이에 미국 법원에서는 '오렌지는 단순한 상품이 아니라 증권의 성격을 갖는다.'고 판결을 내리면서 증권에 대한 기준을 세우게 되었다. 미국의 증권거래위원회(SEC, Securities and Exchange Commission)에서는 70년 이상이 지난 후에도 계속 활용하고 있을 만큼 증권성을 평가하는 주요 방법이라고 할 수 있다.

토큰의 경우도 마찬가지로 토큰을 보유한 참여자에게 수익을 나눠주거나 고정된 이자를 준다고 약속을 했다면 증권성을 가진 토큰이 될 가능성이 높다. 최근에 ICO 열풍으로 규제 당국은 증권으로 평가할지를 분석하기 위해 하위 테스트를 이용하고 있다.

2017년 7월 25일에 DAO토큰에 대한 조사를 하여 DAO프로젝트가 '투자 계약'을 판매하고 이에 따라 DAO토큰을 유가 증권으로 인정하는 보고서를 발표했다. 관계자들은 해당 프로젝트의 투자자들이 이더리움(Ethereum)을 기부하여 자금 투자의 형태라고 주장했지만 투자자들의 경우에는 수익에 대한 기대가 계약과 투자 결정을 하는데 기인하였다.
결과적으로 토큰 보유자들은 투자 결정에 관한 부분만 투표가 가능했으며 다른 사람을 통해 의사 결정이 진행 된 것이다.

이렇게 토큰이 '증권형 인가?' 에 대한 평가가 중요한 이유는 증권형 토큰으로 판단될 경우 현행 증권법을 따라야하기 때문이다. 증권형 토큰으로 판단되면 엄격한 규제를 받을 수 있으며 발행부터 유통까지 모든 과정을 감시감독 받을 수도 있다. 대부분의 토큰이 많은 비용을 지불하게 되더라도 법무법인으로부터 증권형이 아니라는 해석을 받아 놓는 이유라고 할 수 있다.

많은 국가들이 증권형 토큰에 대한 규제를 내세우고 있지만 최근에 증권형 토큰을 허용해야 한다는 주장이 많이 나오고 있다. 증권형 토큰은 지금까지 현금화가 불가능했던 자산을 토큰화 할 수 있기 때문에 증권형 토큰이 만들어 낼 확장성과 시장성에 대해 인정하고 육성해야 한다.

향후 ICO를 계획하고 있다면 증권형 토큰의 규제에 대한 소식에 민감하게 반응해야 할 것이다. 앞서 말했듯이 증권형 토큰의 잠재력은 지불형 토큰과 유틸리티형 토큰보다 훨씬 크다. 폭넓은 쓰임새를 가질 수 있고 다양한 가치를 내재할 수 있기 때문에 토큰 설계 시 이러한 토큰 성격을 고려하여 설계해야 한다. 거래소에 나와 있는 암호화폐의 가격만 보고 블록체인 산업에서 이용되는 암호화폐의 가치를 투기적인 성격으로만 판단하는 경우도 많기 때문에 토큰 자체의 가능성을 보여주는 것이 중요하다.

현재 기존 상장된 암호화폐와 비교해서 가격을 책정하는 경우가 많지만 토큰의 성격에 따라 가격을 결정하는 것이 좋다. 토큰의 가치는 토큰의 기능과 역할을 기준으로 평가한다. 비트코인(Bitcoin)과 같은 통화용 토큰은 단순히 사용자가 많아질수록 가치가 오른다. 그것이 곧 토큰의 가치라고 할 수 있다. 거래수단이 주된 역할이기 때문에 거래 및 교환의 과정에서 그 가치가 정해진다.

반면 유틸리티형 토큰은 데이터양, 처리되는 정보량에 따라 가치가 정해진다. 이 또한 통화형 토큰과 마찬가지로 네트워크 참여자가 많아져 서비스 사용자가 늘어나면 가치가 올라간다. 하지만 증권형 토큰은 프로젝트의 성공 여부에 따라 토큰 소유자가 참여하는 범위가 넓어지면 가치가 올라간다.

단순히 참여자 수가 많아지거나 토큰 소유자의 참여 범위에 따라 가치가 올라가기도 하지만 토큰이 시간의 경과에 따라 점점 줄어드는 소각 비율도 설정하여 토큰 가격을 조절할 수 있다.

CHAPTER 8. 블록체인 기술

- 블록체인 플랫폼 선택, 메인넷은 무엇인가

블록체인 프로젝트를 시작하기 전에 먼저 결정해야 될 부분 중 하나가 자체적인 블록체인 플랫폼을 구축할 것인가? 아니면 기존에 메인넷 플랫폼을 활용해 프로젝트를 시작할 것인가이다. 만약에 기존에 메인넷 플랫폼을 활용해 프로젝트를 시작할 경우 어떤 플랫폼을 활용하는 것이 적절한 것인지도 결정해야 한다.

메인넷이란 무엇인가?
블록체인 메인넷 이란 쉽게 말하면 자체 프로토콜과 분산화된 노드라고 불리는 데이터 저장 구조를 이용해 구성한 독립적인 블록체인 플랫폼을 의미한다. 비트코인, 이더리움, EOS 등이 이런 블록체인 메인넷 플랫폼에 해당한다. 보통 이런 메인넷 플랫폼에서 발행된 암호화폐를 "고인" 이라 부르고, 자체적인 메인넷을 갖추지 않은 암호화폐를 "토큰" 이라 칭하기도 한다. 즉 메인넷은 메인넷을 기반으로 하는 블록체인 서비스인 토큰을 발행하는 dApp를 보유할 수 있다. 우리가 매일 사용하는 스마트폰을 예를 들면 메인넷은 iOS, 안드로이드 같은 운영체제이고 dApp은 카카오톡 같이 기본 운영체제 위에서 구동하는 App 으로 볼 수 있다. 메인넷은 자체적인 노드, 합의구조, 블록생성구조 등과 많은 기술개발을 필요로 하기 때문에 더 많은 자본투자와 개발시간 때문에 대부분의 블록체인 프로젝트가 기존에 이더리움, EOS 같은 메인넷 플랫폼 위에서 자신들의 토큰을 발행하고 있다.

현재 ICOWatchList의 자료에 따르면, 80퍼센트 이상의 블록체인 프로젝트가 그들의 토큰을 이더리움 플랫폼에서 발행해 프로젝트를 시작하고 있다. 이더리움은 튜링 완전성을 지닌 스크립트 언어 '솔리디티'를 기반으로 만들어졌다. 솔리디티는 이더리움 플랫폼의 프로그래밍 언어로 자바스크립트와 매우 유사하다. 이더리움을 사용하는 사람은 누구나 이더리움 네트워크의 모든 사용자가 교환할 수 있는 토큰을 만들 수 있다. 이것은 사용자들을 위한 광범위한 어플리케이션을 가능하게 한다. 솔리디티를 활용하여 프로그래밍하는 방법을 배우고 싶다면, 이더리움의 공식 웹사이트에서도 무료로 온라인 튜토리얼을 찾을 수 있다. 또한 스마트 컨트랙트라고 불리는 컴퓨터 언어로 프로그래밍된 조건이 모두 충족되면 자동화된 계약 시스템 개발자가 계약 코드를 작성할 수 있게끔 활용 범위를 확장한 것이 특징이다. 단순 거래만 가능했던 비트코인과는 달리, 이더리움은 스마트 계약을 발전시켜 다양한 블록체인 기반 비즈니스에 접목시킬 수 있도록 했다. 이더리움 창시자인 비탈릭 부테린은 백서에서 이더리움을 '차세대 스마트 계약과 탈중앙화된 애플리케이션 플랫폼'이라 소개했는데, 비트코인이 블록체인 1.0 시대 라고 하면 이더리움은 '블록체인

2.0' 시대를 열었다고 평가받으면서 개발자들이 검열, 중단, 또는 제3자의 간섭이 없이 이더리움 플랫폼에 dApp을 구축할 수 있게 해준다.

이러한 이더리움 플랫폼의 장점은 블록체인에서 튜링 완전성 언어를 통해 복잡한 계약들이 네트워크에서 실행될 때 제3자의 간섭이 없게 만들었다는 점이다. 이더리움은 많은 기업들이 가능성을 보고 참여하고 있다. 대표적으로 EEA(Ethereum Enterprise Alliance)는 은행업에서 의료보험에 이르기까지 모든 업종에 걸쳐 수십 개의 회사와 협력하고 있다. 이더리움은 향후 몇 년간의 계획을 충실히 이행하고 있다. 이것은 달성하고자 하는 것에 대한 명확한 비전을 가진 플랫폼이라는 것을 의미한다. 이더리움은 보안면에서 보면, 블록체인의 모든 거래가 암호화되고, 그 트랜잭션을 검증하는 노드를 비트코인보다 3배 많이 가지고 있다. 이더리움과 관련된 해킹은 이더리움 블록체인 그 자체보다는 플랫폼 참여자들에 의해 잘못 코딩된 스마트 계약의 결과인 경향이 있다. 신뢰성 면에서 보면 이더리움이 믿을 만한 플랫폼이라는 것은 이더리움 플랫폼이 지난 몇 년간 활황이었다는 것으로 증명되었다. 이더리움 플랫폼에 구축된 애플리케이션은 제3자 간섭이 없이 정확히 프로그래밍된 대로 실행 중이다. 물론 현재 이더리움은 가장 많은 블록체인 프로젝트가 기반한 플랫폼임에도 불구하고 확장성 같은 이슈들이 있다. 이더리움 플랫폼 트랜잭션의 속도는 그리 좋지 않으며, 이런 면에서 이더리움은 다른 더 빠른 플랫폼만큼 효율적인 플랫폼은 아니다. 이더리움은 거래 처리 속도라는 단점을 가지고 있다. 이러한 약점을 보완해 이더리움 킬러라는 슬로건을 걸고 나온 플랫폼이 바로 "EOS" 이다. EOS는 거래의 병렬처리를 통해 확장성을 높이고 DPOS 합의 알고리즘을 통해 0.5초라는 빠른 블록타임을 통해 초당 거래량 15~20에 불과한 이더리움과 달리 초당 거래 1,000이상의 트랜젝션 처리량을 확보해 이더리움이 가지지 못한 장점을 무기로 출발했다. 이러한 장점으로 인해 빠른 처리속도를 필요로 하는 게임 dApp 프로젝트들이 EOS 플랫폼을 기반으로 진행되고 있다. 또한 이더리움의 경우 사용자가 블록체인 플랫폼을 사용하기 위해 가스(GAS)라고 불리는 비용을 지불해야 하지만 EOS의 경우 별도의 비용을 지불하지 않아도 된다.

- 스마트 컨트랙트

컴퓨터 언어로 프로그래밍된 조건이 모두 충족되면 저절로 계약이 실행되는, 자동화된 계약 시스템을 의미한다. 기존에 현실 세계에서는 계약이 체결되고 실행되기까지 수많은 문서와 절차가 필요하지만 스마트 컨트랙트는 계약 조건을 컴퓨터 코드로 지정해두고 조건이 맞으면 실행하는 방식이다.
스마트 컨트랙트는, 기존에 신뢰할 수 있는 제3자가 중개하던 계약들을, 이러한 제3자 없는 당사자간 거래를 가능하게 한다.

비트코인은 블록체인 기술을 사용하여 단순히 한 기능을 수행하며, 한 주소에서 다른 주소로 돈을 송금한다. 반면에, 이더리움 블록체인에서 처음 사용한 스마트 컨트랙트는 다양한 유형의 거래를 이행한다.

스마트 계약이라는 개념을 처음 선보인 닉 자보(Nick Szabo)는 " 스마트 계약의 목표는 공통의 계약 조건을 충족시키고, 악의적이고 우발적인 예외를 최소화하고, 신뢰할 수 있는 중개자의 필요성을 최소화하는 것" 이라고 말했다.

예를 들어 부동산 거래를 상상해보자. 부동산 거래는 상당히 복잡하고 많은 절차를 필요로 하는 과정으로, 다수의 부동산 거래자들이 부동산을 거래할 때 중개 역할을 하는 부동산 중개인을 찾는 것도 이 때문이다. 스마트 컨트랙트를 이용하면 비용을 발생시키는 부동산 중개인을 이용하지 않고 부동산 거래를 위한 돈과 소유권이 모두 시스템에 저장되고 정확히 동시에 참여 당사자들을 위한 계약이 이행된다.

즉. 스마트 컨트랙트에 따라 합의된 금액을 시스템으로 보내야 주택 소유권이 구매자에게 넘어간다는 뜻이다. 더욱이 거래 내용을 수많은 블록체인 참여자들이 목격하고 검증해 흠결 없는 계약이 보장된다. 당사자 간의 신뢰가 더 이상 쟁점이 아니므로 중재자가 필요 없다. 부동산 중개인이 하는 모든 기능은 사전에 스마트 계약으로 프로그래밍 할 수 있는 동시에 부동산 거래의 배수자와 매도자 모두 상당한 금액을 절약할 수 있다.

또한 중요한 것은, 스마트 컨트랙트가 신뢰 문제를 해결할 것이라는 점이다. 예를 들어 보험업계 같은 경우 보험료는 블록체인을 이용해 공정하고 투명하게 지급할 수 있다.

스마트 컨트랙트를 통해 고객은 그들의 청구가 필요한 모든 기준을 정해 놓고, 그 기준이 충족할 경우 간단히 그들의 보험 청구서를 온라인으로 제출하고 즉시 보험금을 자동 지불을 받을 수 있다.

스마트 컨트랙트의 특징은 다음과 같다.

자율성 : 스마트 계약으로 제3의 중개자의 필요성이 없어지기 때문에 기본적으로 계약 당사자에게 계약에 대한 통제권을 준다.

신뢰성 : 누구도 제3자가 계약 문서를 훔치거나 수정할 수 없다. 왜냐하면 그것들은 암호화되고 안전하게 블록체인 장부에 저장되기 때문이다. 게다가 당신이 상대하고 있는 사람들을 신뢰하거나 그들이 당신을 신뢰하기를 기대할 필요가 없다. 왜냐하면 스마트 컨트랙트의 시스템이 본질적으로 신뢰를 대체하기 때문이다.

비용절약 : 많은 비용을 수반하는 중개인이 스마트 컨트랙트 덕분에 필요 없어지기 때문에 그들의 서비스와 관련된 수수료를 절약할 수 있다.

보안 : 올바르게 구현되면 스마트 계약은 해킹하기 매우 어렵다. 게다가, 스마트 계약을 위한 완벽한 환경은 복잡한 암호로 보호되어 계약문서를 안전하게 보관할 수 있다.

효율성 : 스마트 계약은 수동으로 이루어지는 계약에 비해 많은 시간과 노력을 절약할 수 있다

- 분산형 어플리케이션 (dApp)

분산형 애플리케이션(dApp)은 블록체인 기반에서 실행되는 탈중앙화된 컴퓨터 애플리케이션이다. 기존에 우리가 사용하던 App은 개인정보 보안에 취약한 상태다. 대부분 App운영사가 서버에 개인정보를 보관하고 그곳에 보관된 정보들을 불러와서 App 사용자들에게 제공하는 형태이기 때문이다.
하지만 dApp는 블록체인을 활용한 어플리케이션이라 정보의 분산으로 이러한 위험에 노출될 확률이 매우 적어진다. 인터넷 사용자들은 오늘날의 웹사이트에서 공유하는 데이터에 대한 통제권을 가지고 있지 않다. dApp은 사용자와 제공자를 직접 연결하기 때문에 현재의 앱과 달리 미들맨의 기능을 하거나 사용자의 정보를 관리하는 주체가 필요 없다.
한 가지 예는 검열에 저항하는 분권형 트위터를 위해 dApp을 사용하는 것이다. 일단 메시지를 블록체인에 게시하면, 그 누구도 지울 수 없다. d
App의 특징은 블록체인과 오픈소스 기반이며 자율적으로 운영되기 때문에 서비스가 중단되거나 사라진다고 하더라도, 한 번 배포하면 영원하기 때문에 계속해서 사용이 가능하고 퍼블릭 블록체인 위에 데이터를 저장하기 때문에 한번 블록체인 위에 올라가면 데이터를 다시 되돌리거나 변형 불가능하다.
또한 기존의 App 과는 다르게 법정화폐가 아니라 자체적인 블록체인 생태계를 구축하여 알고리즘 기반의 암호화폐를 통해 가치를 부여한다.

State of the dApps (https://www.stateofthedApps.com) 사이트에 따르면 2019년 현재 약 2500개가 넘는 dApp이 존재하고 하루 8만5천명의 Daily active users가 존재 한다고 한다. 가장 많은 dApp은 게임분야이고 그 다음이 겜블링, 금융, 거래소, 소셜미디어 순이다.
대표적인 dApp으로 2017년 출시된 "크립토 키티" 라는 세계 최초의 블록체인 기반 게임이 있다. 크립토 키티 게임은 고양이 수집 게임인데 게임을 즐기기 위해서는 이더리움이 반드시 필요하기에 이더리움이 없으면 게임 시작 자체가 불가능하다. 크립토 키티에 등장하는 고양이들은 고양이 캐릭터와는 약간 다르다. 일반적인 컴퓨터 파일들은 무한정으로 복사 및 위/변조가 가능하다는 특징을 가지고 있지만 크립토 키티의 고양이들은 블록체인으로 연결되어 있기에 각 고양이들을 복사하거나 개체의 특징을 위/변조하는 것이 거의 불가능에 가깝다.
그렇기에 크립토 키티에 등장하는 각각의 고양이 개체들은 마치 현실의 고양이처럼 단 하나뿐이며, 혹시라도 외형이 닮은 또 다른 고양이가 탄생한다 하더라도 둘의 세부적인 속성은 다르기에 절대로 같은 개체라고 할 수 없다. 이로 인해 크립토 키티를 플레이하는 게이머들은 이러한 고양이들이 전자적인 파일에 불과할지라도, 세상에 단 하나뿐인 본인들의 소유물이기에 보다 특별하게 느낄 수 있다.
이렇게 블록체인을 수집형 게임 포맷과 결합하여 독특한 결과물을 선보임으로써 이 게임이 이더리움 네트워크를 마비시킬 정도로 화재가 돼 사람들의 이목을 끄는 것에 성공했다.

PART 3

블록체인 프로젝트 완성하기

CHAPTER 9. 토큰 세일(펀딩)

- 토큰 세일 절차 및 구조

토큰 세일을 하기 전에 먼저, 토큰의 총 발행량, 토큰 세일량(소프트(최소)캡, 하드(최대)캡, 토큰 세일기간), 발행하는 토큰의 분배 비율, ICO를 통해 모집된 자금의 사용 비율과 방법 그리고 ICO 종류에 따른 방법(ICO, IEO, IFO), 그에 따른 토큰 세일 절차 및 분배 단계의 결정이 필요하다. 추가적으로 ICO 단계별 기간을 정하고, ICO 단계별 가격 결정은 단계별로 상이한 할인율을 적용하는 것이 보통인데, 이때 토큰 가격이 아닌 수량으로 조정해야 한다.

하드캡은 ICO를 통한 모금 상한선을 의미하는데 만약 하드캡이 1만 이더(ETH) 라고 표시할 경우 1만 이더가 모집이 완료될 경우 그 시점에서 ICO를 완료 하게 된다.

소프트캡은 ICO를 통한 모금 하한선을 의미하는데 프로젝트 진행을 위한 최소한의 필요 자금이기 때문에 소프트캡 이상 자금을 모집하지 못했을 경우 펀딩된 자금을 투자자에게 돌려주고 ICO를 취소 또는 연기하는 게 보통이다.

하드캡과 소프트캡의 결정은?

보통 블록체인 프로젝트를 추진하는 팀이 토큰 세일시 가장 고민을 하는 부분이 하드캡 인데 무조건 자금을 많이 모으기 위해 해당 비즈니스 시장에 규모에 맞지 않게 하드캡을 높여 잡는 경우보다는 타겟으로 하는 시장규모 및 성장성 그리고 해당 프로젝트가 중장기적으로 그 시장을 점유 할 수 있는 비율이 얼마인지에 대한 합리적인 근거를 가지고 블록체인 프로젝트를 추진하면서 들어가는 비용이 대략적으로 어느 정도 되는지 감안해 하드캡과 소프트캡을 설정해야 한다.

구매시 사용하는 가상통화는?

보통 이더리움을 많이 사용해 이더 1개당 발행되는 토큰의 고정 수량으로 교환하는데 토큰 세일기간에 이더 가격이 많이 하락할 경우에는 추후 법정화폐로 환산했을 때 최초 예상했던 금액보다 많이 차이가 날 수 있기 때문에 US달러나 USDT 같은 스테이블 코인에 페깅 시켜서 1이더당 발행되는 토큰의 변동 수량으로 교환하는 방법도 고려해야 한다.

물론 이더 가격이 상승할 경우 반대로 법정화폐로 교환했을 때 그만큼 수익이 발생하지만 ICO를 통해 모집한 자금은 앞에서 기술한대로 블록체인 프로젝트를 추진하기 위한 비용을 충당하기 위한 것이지 이더 투자를 하기 위해 모은 자금이 아니라는 것을 명심해야 한다.

ICO 과정에서 특정 이벤트가 발생했을 경우 환불을 해줘야 하는 상황이 생길 수도 있기 때문에 이러한 상황이 언제 발생할 수 있는지 고려해 환불 조건도 계획해야 한다. 보통 토큰 세일 과정에서는 KYC 및 AML 절차를 엄격히 운용해야 하고 토큰세일을 활성화하기 위해 PR 및 컨텐츠 기획, 커뮤니케이션 채널 관리, 온라인 마케팅 위주로 커뮤니티에 블록체인 프로젝트를 공개하고 각종 마케팅 채널을 통해 명확하고 일관된 소통으로 세일을 진행한다. 토큰세일 과정은 보통 프라이빗 세일, 프리 세일, 퍼블릭(메인) 세일로 나눌 수 있다. 각 세일 과정은 추가적인 서브(하위)라운드로 나눌 수 있다.

첫 번째 프라이빗 세일 : 원래 프라이빗 세일은 프로젝트가 프로토콜을 개발하고 테스트하기 위해 돈이 필요할 때 발생한다. 만약 프라이빗 세일 과정에서 토큰이 아직 생성되지 않았다면 토큰 자체가 아니라 해당 토큰에 대한 IOU(일종의 지불증서로서 미래 토큰을 받을 수 있는 권리의 증서)가 판매된다. 비공개로 기관투자자 또는 HNWI (초거액자산가) 대상으로 진행하는 토큰 세일로 일정 수준 이상의 거래 규모만 허용하고 보통 프리 세일 대비 30% ~ 100% 이상 보너스 토큰을 더 지급하는 것이 일반적이고 프로젝트에 전략적으로 도움을 줄 수 있는 투자자 같은 경우 더 높은 보너스 토큰을 받는다. 보통 프라이빗 세일 투자자 대상으로 락업을 설정하는 경우가 많은데 락업 기간이 너무 짧거나 일정 시점에 많은 락업 물량이 해제될 경우 토큰 가격이 크게 하락할 수 있으므로 프라이빗 세일 협상 시 이 부분에 대한 좀 더 신중한 고려가 필요하다. 그리고, 프라이빗 세일 이전에 "SEED" 라고 불리는 라운드도 존재하는 경우가 있다.

두 번째 프리 세일 : 프리 세일은 퍼블릭 세일 전의 특별판매로 퍼블릭 판매 이전에 진행되는 모든 일반인 대상 사전 판매를 통칭한다. 보통 퍼블릭 세일 대비 할인 판매하고, 투자금액이 높으면 그만큼 보너스 토큰 지급도 있다.

세 번째 퍼블릭(메인) 세일 : 퍼블릭 세일은 공개적으로 대중들에게 오픈해서 토큰을 판매하고 누구나 참여 하고 할인율이 없거나 프라이빗 세일 또는 프리 세일에 비해 낮은 할인율을 받는다. 일반적으로 과거에는 토큰 세일 과정에서 프로젝트의 자체적인 장점들뿐만 아니라 어떤 거래소에 상장 시키느냐에 따라 토큰 세일에 많은 영향을 주었다. 예를 들어, 블록체인 프로젝트 "Nuvu"의 토큰 세일 구조의 세부 내역을 보면 일찍 토큰 세일에 참여 할수록 좀 더 많은 보너스 토큰을 지급함에 따라 투자자들에게 좀 더 빨리 참여하게 하는 방식을 쓰고 있다. 이처럼 많은 프로젝트들이 투자자의 관심을 끌어 좀 더 원활하게 토큰 세일을 하기 위해 다양한 토큰 세일 구조를 활용하고 있다.

- 진화하는 ICO

ICO를 통한 자금조달에 대한 부분은 아직도 미완성이다. 각국 정부의 법적인 부분과 규제도 완비되지 않았고, ICO 기업들의 경영진의 인식도 비즈니스 측면, 개발 측면에서 한 쪽으로 치우쳐 있는 경우도 많고, 생태계도 아직 불안정하다. 또 암호화폐의 변동성도 한 가지의 문제이다. 이러한 ICO의 문제점들을 해결하려는 움직임이 지금도 계속되면서 새로운 형태의 ICO들이 속속 등장하고 있다. 초기 ICO시장은 막연한 대박에 대한 기대감을 가진 순진한 개인 투자자들의 공모 (Public sales) 방식이 대세였다.
그러다가 암호화폐의 하락기가 계속되면서 개인투자자는 대부분 투자했던 토큰에 투자자금이 묶일 수밖에 없었고, 소수의 거액 투자자를 대상으로 한 사모 (Private sales) 방식이 주류를 이루게 되었다.
다수에게 돌아갔던 투자의 기회가 소수에게 돌아가게 된 것이다. 이러면서 ICO시장의 화두가 된 것이 바로 '투자자 보호장치'와 '거래투명성'을 보장하는 새로운 ICO들이 등장하고 있다.

DAICO는 탈중앙화된 자율조직(DAO Decentralized Autonomous Organization)과 ICO의 합성어이다. 이더리움의 공동 설립자인 비탈릭 부테린이 2018년 1월 제시한 모델이다. 중앙화에서 탈중앙화의 개념이 더해진 ICO형태이다.
DAICO는 투자금을 한 번에 주지 않고 일정 기간에 걸쳐 지급하는 방식이다. 투자자는 프로젝트의 의사결정에 참여할 수 있다. 투자자의 권리를 더 강하게 한 ICO의 형태라고 볼 수 있다.
여기다 토큰 소지자는 프로젝트의 진행 상황에 불만족할 경우 투자금 환급을 요청할 수 있다. 투자자들이 ICO에 투자하면 마냥 잘되길 기다리는 기존의 ICO 보다 진화해 투자자에게 투자금에 대한 권리를 강화한 것이다. 5월 디지털 유통 게임플랫폼인 'The

Abyss'가 DAICO에 성공해 새로운 ICO형태에 대한 시장의 니즈를 확인시켰다.

SEICO는 2018년 6월 런던에서 열린 컨퍼런스에서 제시된 새로운 모델로 'Secured ICO'와 'Ensured ICO'를 결합한 형태이다. Secured ICO는 투자한 ICO 일부만 선불로 구매하고, 상장 이후 토큰 가격이 상승하면 처음 구매했던 원래의 가격으로 싸게 토큰을 구매하는 방식이다.

토큰을 ICO 때 10000개를 10원에 산다고 하면 우선 1000개만 10원에 구입하는 것이다. 상장이후 토큰이 100원으로 상승하면 100원에 토큰을 사는 것이 아니라 10원에 9000개를 사서 100원에 매도를 할 수 있는 개념이다.

기존 주식이나 채권시장에서 보면 일정시점 주가가 상승하면 약정했던 저렴한 가격으로 주식을 살 수 있는 권리를 가진 채권에 투자하는 전환사채 (Convertible Bond. CB)의 개념과 비슷하다고 볼 수 있다. Ensured ICO는 ICO에 참여할 때 제공한 비트코인 또는 이더리움의 가격이 오르면 차액을 돌려받는 구조이다. 투자자 입장에서는 가격변동에 대한 위험을 줄일 수 있다.

IEO는 토큰이 암호화폐 거래소를 통해 판매가 이루어지는 것을 말한다. 즉, 토큰세일이 ICO 업체가 아닌 암호화폐 거래소를 통해 이루어진다. 보통 토큰 판매가 대행된 암호화폐 거래소에서 IEO를 통해 토큰을 세일하고 해당거래소에 상장되는 경우가 일반적이다. IEO를 통해 토큰 세일을 진행할 경우 일반적으로 개인보다는 암호화폐 전문가인 암호화폐 거래소가 인적 물적 자원을 투입해 평가한 토큰을 판매 중개한다는 점에서 해당 토큰의 신뢰성이 높아진다. ICO를 통한 자금조달에 관해 규제로 인해 부담을 느끼는 블록체인 프로젝트의 경우 IEO를 선호하는 경우가 있다. 우리나라에서는 코인제스트 거래소에서 "롬"이라는 프로젝트가 처음으로 IEO를 진행했다. ICO가 금지된 국가들의 경우 이러한 IEO 형태가 더욱 활발하게 이루어질 가능성이 크다.

ICO를 거치지 않고 거래소에서 바로 상장하기 때문에 정부의 규제에 대한 부담감이 적다. 하지만 IEO의 경우 많은 수의 토큰들이 적은 수의 사람들에 의해 좌지우지될 가능성이 있다는 문제점을 가진다. ICO의 세일단계를 거치지 않아서 토큰의 배분이 제대로 이루어지지 않은 채 거래소에 바로 상장이 되기 때문이다.

가령 거래소 상장을 하고 토큰 가격이 상승하면 소수의 토큰 홀더들이 대부분의 이익을 갖게 될 것이다. 반대로 토큰 가격이 거래소에서 하락하면 소수의 토큰 홀더들이 매도세에 동참하면서 하락세는 더 커질 것이다. 두 가지 모두 다 소수의 주요 토큰 홀더들이 대부분의 이익의 중심에 있다는 단점을 극복해야 한다. 즉, 소수의 대형 토큰 보유자들에 의해 IEO로 상장된 토큰들은 시세가 조작될 가능성이 커질 수 있다는 점을 주의해야 한다.

IBO는 Initial Bounty Offering의 약자이다. IBO의 개념은 근래 유캐시 (U.CASH) 라는 프로젝트가 처음 시도했다. IBO는 블록체인 생태계가 만들어지는 과정에 기여하는 참여자에게 토큰을 대가로 지급하는 것을 뜻한다.

*** ICO 세일 TIP

ICO 통해 모은 투자금 현금화하기

ICO를 통해 모은 자금을 맴버(인건비), 마케팅, 법률자문 등을 위해 지불하기 위해 암호화폐로 모은 투자금을 법정화폐로 현금화하는 방안을 사전에 준비해야 한다.

물론 암호화폐로 비용을 받는 곳도 있지만 대부분은 법정화폐로 지급해야 되기 때문에 투자금에 대한 현금화 방안을 마련해 두지 않으면 ICO 이후 곤란한 상황을 겪을 수도 있다.

ICO 비용

ICO를 시작하기 전에, 성공적인 ICO를 위해서는 상당한 비용이 필요하다. 일반적으로 ICO를 진행하는 과정에서 백서 작성, 법인 설립, 웹사이트 구축, 스마트 컨트랙트 개발 및 검사, PR 및 마케팅, 법률 및 세무회계 서비스 이용 등에서 비용이 발생하는데 이를 회사내부에서 진행할 경우 인건비가 발생하고, 외부에서 진행할 경우 외주 비용이 발생한다.

ICO를 진행하기 전에 이러한 비용들에 대한 조사와 자금집행 계획을 세워야 차질 없는 ICO를 진행 할 수 있다.

CHAPTER 10. 커뮤니티 빌딩 (마케팅)

- 커뮤니티 빌딩의 개요 및 목적- 홈페이지 제작

블록체인 프로젝트의 진행을 위해 ICO(또는 TGE) 목표에 도달하지 못하는 것은 다음과 같은 몇 가지 이유로 발생할 수 있다.

1. 백서 내 명료성 부족.
2. 토큰이 현재나 미래에 가치가 없다고 생각되면 아무도 그 토큰을 원하지 않을 것이다.
3. ICO(또는 TGE) 이후 백서상의 계획 자체가 실제 제품이나 서비스로 발전할 것이라는 믿음을 사람들에게 못 주는 경우도 있다.
4. 위에 3개 항목을 아무리 잘 준비했다고 하더라도 커뮤니티 빌딩(마케팅)을 소홀히 해 커뮤니티에 대한 인식이 부족하게 만든다면 ICO(또는 TGE) 목표에 도달하지 못할 것이다.

블록체인 프로젝트의 마케팅은 본질적으로 일반 마케팅과는 다를 수밖에 없다. 블록체인 프로젝트의 마케팅은 단순히 상품이나 서비스를 판매하는 활동이 아니라 해당 프로젝트의 블록체인 생태계를 조성하기 위한 일이라고 볼 수 있기 때문에 단순히 "마케팅"이라는 용어 보다는 "커뮤니티 빌딩"이라는 명칭이 적절하다. 블록체인 에 대한 커뮤니티 빌딩(마케팅 전략)을 만드는 것은 매우 중요하다.
블록체인 프로젝트의 성공은 일관성 있고 잘 짜인 커뮤니티 빌딩(마케팅) 전략을 갖는 것에 달려 있기 때문에, 블록체인 프로젝트 출시 전에, 전략을 계획하고 실행하는 데 몇 달이 걸리는 것이 필수적이다.
대중의 인식을 관리하는 것은 커뮤니티 빌딩(마케팅)에서 큰 역할이 되었고, 때문에 블록체인 마케팅 대행사의 결정은 ICO의 성공에 있어서 매우 중요한 일이다. 블록체인 프로젝트를 진행하는 동안 투자자 및 생태계 참여자들과 끊임없이 소통하고 있는지 확인해야한다.
소통 채널을 많이 사용할수록 프로젝트가 성공할 가능성이 높아진다. 예를 들어 트위터와 페이스북과 같은 소셜 네트워크와 카카오톡과 텔레그램 같은 실시간 소통이 가능한 채널을 적극적으로 활용해야 성공적인 커뮤니티 빌딩이 가능하다.

홈페이지 제작

일단 블록체인 프로젝트의 추진과 홍보를 위해 프로젝트의 홈페이지의 제작은 필수적이다. 홈페이지 제작을 시작하기 위해서는 공식 홈페이지 제작 전에 먼저 도메인 등록을 해야 한다. 도메인 등록은 최대한 많은 도메인을 등록해야 한다. 왜냐하면 ICO를 홍보하기 시작하면 많은 스캠 사이트가 나타날 수 있기 때문이다.

예를 들어 프로젝트를 추진하는 팀이 blockchain.com 하나의 도메인을 등록하고 토큰 세일을 할 경우 blockchain.io 등 비슷한 도메인을 다른 사람이 등록해 스캠 사이트를 만들어 사기에 활용할 수 있다.

보통 프로젝트 공식 홈페이지는 유용한 정보를 제공하는 홍보 및 토큰 판매 기능을 수행하도록 설계되어야 한다. 백서와 마찬가지로 블록체인 프로젝트의 홈페이지 내용은 정해진 규칙은 없고 ICO는 프로젝트 유형에 따라 전적으로 달라진다.

또한 홈페이지, 백서, 로고, 홍보영상을 제작하기 전에 통일성에 각별히 신경을 써야 한다.

로고 (Logo) : 해당 블록체인 프로젝트를 대표하는 공식 이미지로 해당 로고만 봐도 해당 프로젝트를 떠 올릴 수 있게 디자인 돼야 한다.

블록체인 프로젝트 타이틀 : 해당 블록체인 프로젝트가 추구하는 목표, 특징, 슬로건 등을 단어 몇 개로 표현한다.

ICO 모집 카운트다운 타이머 : 보통 퍼블릭 ICO를 진행하는 경우 ICO를 시작하는 시점까지의 기간을 실시간으로 카운트다운 타이머 형태로 표시한다.

홍보영상 Video : 블록체인 프로젝트에 관한 내용을 동영상으로 제작해서 해당 프로젝트의 내용을 프로젝트 팀이 타겟으로 하는 분야의 초보자도 쉽게 이해 할 수 있게 제작한다.

로드맵 (Roadmap) : 블록체인 프로젝트가 추진하는 ICO와 비즈니스 내용을 중심으로 타임라인과 마일스톤에 맞춰서 시각적으로 한눈에 볼 수 있게 표시한다.

ICO 설명 : 백서 상에 사업 분야 소개, 블록체인 프로젝트 소개, 비즈니스 모델 등의 내용을 함축적으로 보여준다.

제공하는 제품 또는 서비스 설명 : 블록체인 프로젝트가 제공하는 제품 및 서비스에 관한 내용을 포함하고, 리버스 ICO 같은 경우 기존 사업의 제품이나 서비스를 부각시키는 것이 좋다.

토큰세일 (토큰매트릭스) : 토큰의 기본정보(발행량, 소프트(최소)캡, 하드(최대)캡, 토큰세일 기간, 토큰의 분배 비율, 모집된 자금의 사용 비율 등)의 내용을 표시한다.

팀과 어드바이저 : 해상도 높은 사진과, 간단한 설명, 그리고 링크드인 등의 소셜 네트워크 링크들을 포함한다.

파트너 (Partners) : 블록체인 프로젝트 팀과 함께하는 파트너들의 로고와 간략한 설명을 포함함다.

해당 블록체인 프로젝트 Media 기사 및 링크

백서 (white paper) : 영문, 한글, 중문 버전 등을 업로드히고 간략히 해당 블록체인 프로젝트의 내용을 확인 할 수 있는 원페이퍼 버전도 업로드 한다.

연락처 및 공식채널들 링크 / FAQ

*** 홈페이지 제작 TIP

1. 홈페이지를 제작할 때 단순히 투자를 유치하기 위해 내용을 구성하기 보다는 잠재적인 투자자 및 블록체인 생태계의 참여자들에게 우리의 프로젝트를 홍보하고 교육하기 위한 내용으로 구성해야한다.

2. 또한 저명한 어드바이저가 있다면 단지 어드바이저 사진과 이력 뿐 만 아니라 어드바이저가 직접 작성한 추천서를 포함하는 것도 신뢰성을 높이는데 매우 좋은 방법이다.

3. 프로젝트 팀의 개인 또는 단체가 수상한 상들이 있다면 홈페이지에 포함하고, Media 기사 및 링크에는 프로젝트에 대한 최신 자료를 업데이트해야 좋다.

4. 홈페이지 상의 언어는 가능한 한 빨리 다른 언어로 번역하여 글로벌 사용자가 보다 쉽게 해당 블록체인 프로젝트에 접근 할 수 있도록 해야 한다. 이 때 내부 인력이 번역을 하거나 번역전문회사에 외주를 줄 수도 있지만 전부 또는 일부를 바운티 캠페인을 이용해 백서 번역을 진행 할 수도 있다. 가장 많이 필요한 언어는 영어, 한국어, 중국어, 일본어, 러시아어 등이다.

외국어로 번역을 할 경우 주의할 점은 번역을 진행하는 외국어의 네이티브(현지인)가 번역을 하거나 그렇지 않을 경우는 꼭 네이티브 번역을 검수해야 한다. 네이티브의 번역이나 검수가 이루어지지 않은 경우 외국어 표현 자체가 어색할 수 있기 때문이다.

5. 대부분의 블록체인 프로젝트들은 홍보용 영상을 제작해 백서를 읽지 않아도 쉽게 사람들이 해당 프로젝트를 이해 할 수 있게 하고 있다. 이렇게 블록체인 프로젝트의 홍보용 영상을 제작하는 주요한 이유는 블록체인 생태계로의 참여율을 높일 수 있기 때문이다. 그 이유는 다음과 같다.

첫 번째, 영상을 보는 것은 사람들이 프로젝트의 홈페이지에 더 오랜 시간 동안 남게 할 것이고 이를 통해 신뢰도 향상 시킬 수 있다.

두 번째, ICO 투자를 많이 하는 젊은 사람들은 어려운 백서의 글을 읽는 것보다 영상을 보면서 프로젝트의 내용을 파악하는 것을 선호한다.

또한 공식 홍보용 영상뿐만 아니라 인터뷰와 프레젠테이션을 YouTube 채널에 업로드 하는 것도 홍보에 좋은 방법이다. 앞에서 말한 것처럼 영상콘텐츠는 프로젝트가 추구하는 메시지를 전달하고 이미지와 주요 팀 멤버들의 영상을 보여줌으로써 참여자를 끌어들이는 훨씬 더 좋은 방법이다. 참고로 홍보용 영상을 제작 할 때 모션 그래픽과 라이브 영상을 모두 사용하는 것도 좋을 것이다.

홈페이지야 말로 가장 빛나고 잘 만들어져야 한다. 충분한 시간과 돈을 들여 훌륭한 디자이너와 개발자를 쓰도록 한다. 동작이 빠르고 정확하게 잘 되어야 함은 물론이고, 꼭 필요한 정보들도 반드시 담아내야 한다. 랜딩 페이지에 꼭 담아야 할 내용은 다음과 같다. 백서와 Onepager(한장짜리 설명서), 프로젝트의 설명 비디오, 뉴스레터를 구독할 수 있는 간단한 양식, 소셜 네트워크로 연결되는 링크(페이스북, 트위터, 비트코인 토크, 미디엄, 텔레그램, 카카오톡 오픈챗, 깃허브, 레딧 등), 팀과 어드바이저의 이력 및 정보, 미디어에 노출되었던 컨텐츠, ICO 트래커나 레이팅에서 다루어졌다는 컨텐츠 등. 팀원들의 링크드인 프로파일 링크도 꼭 적도록 한다. 이 때 프로필은 정확하게 최신 버전으로 업데이트돼 있어야 하며, 프로젝트에 대해 적어도 포스팅 또는 공유된 포스트 정도는 있는 것이 좋다. 랜딩 페이지의 디자인과 레이아웃은 꽤 자주 수정해야 할 수도 있다. 새로운 정보를 추가하거나, 레이아웃에 버튼을 추가하거나 하는 경우다. 이를 수행할 수 있는 기술자를 상시 대기시켜 놓아 주말에라도 필요하면 페이지를 수정할 수 있게 한다.

- 온라인 마케팅

먼저 프로젝트를 알리기 위한 마케팅에서 가장 중요한 것은 온라인 마케팅이다.

카카오톡 오픈채팅 및 텔레그램 : 국내 블록체인 프로젝트는 주로 카카오톡 오픈채팅과 텔레그램을 통해 프로젝트의 소통을 위한 커뮤니티를 구성한다. 이러한 공식 채팅방은 프로젝트를 알리기 위한 소통의 장으로 이용된다. 중요한 점은 많은 사람들을 커뮤니티로 유입시키는 것과 프로젝트에 대한 우호적인 대화를 활성화시키는 것이다. 카카오톡 오픈채팅에 사람들을 유입시키기 위해서는 먼저 프로젝트 공식 오픈채팅방을 개설해야한다. 여기서 결정해야 할 요소들이 있는데 먼저 공식방의 이름을 정해야 한다. 보통 프로젝트명 뒤에 공식방, official, 한국채팅방, 글로벌 채팅방, 커뮤니티 등 다양한 명칭을 붙인다. 뒤 명칭은 크게 중요하지 않지만 반드시 프로젝트의 정식명칭과 공식방임을 강조해야 한다. 유명 프로젝트의 커뮤니티의 경우 유사한 커뮤니티를 만들어 마치 공식방인 것처럼 꾸미고 투자를 받는 등 사기행각을 벌인 사례가 있었기 때문이다.

두 번째로 정할 부분은 공식방을 만들 때 오픈채팅방 참여자들의 프로필을 카카오톡 프로필만 쓸 수 있게 설정하거나, 익명으로 설정할 수 있게 하거나 두 가지 방법이 있다. 익명성이 가능한 오픈채팅방에서 무분별한 욕설, 비방, 선동을 일삼는 참여자들이 많기 때문에 최근에는 카카오톡 프로필로만 프로젝트 채팅방에 입장할 수밖에 없게끔 설정을 하는 추세이다. 대신 포기해야 할 부분도 있다. 욕설이나 비방 등은 줄어들 수 있지만 본인의 카톡 프로필로만 입장을 해야 하는 것에 부담감을 느끼는 참여자들은 아예 채팅방에 입장을 포기하는 경우가 있기 때문이다. 카카오톡 오픈채팅방을 운영하다보면, 프로젝트 방에 입장해서 「다른 블록체인 프로젝트나 암호화폐 거래소, 주식 리딩방, 성인사이트 등 다양한 불법 광고글을 쓰고 가는 경우가 많다. 이러한 광고 기법이 만연하면서 예전에는 하루에 몇 개만 올라오던 불법 광고가 지금은 통제를 안 할 경우 수십 개 이상이 올라오는 경우가 많다. 그 광고 글을 지우고 광고 글을 쓴 입장자를 퇴장시키는데 하루에 들여야 하는 노력이 상당히 부담스러운 수준이다. 최근에는 컴퓨터 프로그래밍으로 자동으로 광고를 차단할 수 있다. 텔레그램도 카카오톡 오픈채팅방과 기능은 거의 유사하므로 차이점만 설명하도록 하겠다. 카카오톡과 다른 점은 바로 카카오톡처럼 방에 참여한 인원끼리 채팅을 하는 공식방을 만들 수 있지만, 운영자만 일방적으로 프로젝트의 공지내용을 쓰고 나머지 참여자들의 채팅은 금지 할 수 있다.

CM (커뮤니티 매니저) : 카톡방 운영을 초기에는 프로젝트 멤버가 주로 했다가 최근에는 전문적으로 커뮤니티를 운영하는 전문 CM들에게 의뢰하는 추세이다. 카카오톡, 텔레그램은 24시간 채팅이 이루어지기 때문에 업무를 하면서 수천, 수백만 명의 채팅방 참여자들을 응대하기는 불가능하다. 여기에다가 프로젝트에 큰 이슈가 생겨 갑자기 문의나 항의가 빗발쳤을 때 제대로 대응하지 못하면 이는 곧 위기 상황에 대한 프로젝트의 준비가 안됐다는 인식을 주기도 한다. 따라서 전문적인 CM을 통해 기존에 유입됐던 채팅방 참여자들의 이탈이 없게끔 해주고, 참여자들과 우호적인 관계를 계속 지속해 채팅방의 분위기를 긍정적으로 유지시켜줘야 한다.

바이럴 마케팅 : 블록체인 및 암호화폐에 관심 있는 사람들은 블로그나 카페, 지식인 검색 등 경험자들의 지식에 대하여 믿음을 갖고, 의사 결정에 반영하는 경향이 강하다. 따라서 ICO정보나 암

호화폐 분야의 블로그, 카페, 커뮤니티 등에 지속적으로 노출함으로써 자체 커뮤니티 그룹을 형성하고, 그 안에서 자발적으로 홍보할 수 있도록 유도하는 것이 중요하다. 바이럴 마케팅은 보통 프로젝트의 소개와 장점, 코인 가격의 상승요인, 코인 세일 스케줄 등을 블록체인 커뮤니티를 통해 알린다. 먼저 바이럴의 첫 번째 목표는 프로젝트를 알리는 것이다. 프로젝트의 장점과 장기적으로 가격이 상승할 수 있는 객관적 요소 등을 알려야 한다.
팀원의 경력이나 강점, 기존 프로젝트 성공 경험 등과 코인 투자자에게 매력적인 토큰 이코노미 등이 필요하다. 바이럴 마케팅의 장점은 정확한 타게팅 마케팅이 가능하다는 점이다. 코인 프로젝트팀의 타게팅은 발행하는 코인에 투자를 할 사람들이기 때문에 포털에서 "프로젝트 코인명, 코인, 블록체인, 토큰, 비트코인, 이더리움, ICO, IEO, STO" 등 다양한 키워드를 검색한 대상들을 타겟으로 해당 내용을 검색했을 때 프로젝트의 컨텐츠를 노출하게 해 자발적으로 프로젝트에 동참하게 하는 마케팅을 말한다.
한번 배포된 컨텐츠는 이 컨텐츠를 접한 구독자들이나 2차, 3차 유통자들을 통해서 재확산 되는 확장성을 지니고 있다. 또한 다른 마케팅 수단에 비해 상당히 저렴한 비용으로 효과를 얻을 수 있다. 그리고 오프라인 마케팅과의 시너지 효과도 누릴 수 있다. 먼저 프로젝트의 바이럴 마케팅 수준을 점검하기 위해서는 네이버와 구글, 암호화폐 커뮤니티 등에 프로젝트 이름을 검색해 봐야 한다.
네이버 통합 검색은 블로그, 카페, 뉴스, 지식인, 동영상 등 다양한 항목별로 프로젝트 소개를 상위노출 시켜놔야 한다. 프로젝트

"뮤지카"의 경우 초반에 뮤지카 라는 카센터로 네이버에 깔려 있는 경우도 있었다. 이렇게 프로젝트명을 처음 정할 때 이미 다른 업체가 네이버 마케팅을 진행했는지 여부를 확인 후 경쟁강도가 약한 이름으로 정하는 것도 필요하다.

파워블로그 마케팅 : 파워블로거들 중에서도 특히 블록체인 관련 파워블로거가 글을 썼을 때 영향력이 더 크다. 맛집 전문 블로거가 코인 소개를 하는 것보다는 아무래도 블록체인 전문가가 코인 소개를 했을 때 더 설득력이 크기 때문이다. 최근 스팀잇이나 미디엄 등 코인 생태계에서의 활동도 늘고 있다. 특히 네이버에서의 검색에서는 아무래도 네이버 파워블로거들이 상위를 점유하고 있고, 구글 검색에서는 스팀잇이나 미디엄 등의 블로거들의 영향력이 크다.

네이버 지식인 마케팅 : 지식인도 네이버 통합검색에서 블로그나 카페, 뉴스 다음으로 상위에 포진되는 영역이기 때문에 상당히 비중이 있지만 블록체인 프로젝트들이 비중 있게 다루지는 못하고 있기 때문에 전략적으로 노려볼 수 있는 마케팅 영역이기도 하다. 블로그나 카페영역과 다른 부분은 질문하는 사람과 답변을 주는 사람 두 명의 주체가 필요하다는 것이다. 지식인도 전문적으로 관리를 해주는 업체가 있기 때문에 대행을 할 수 있고, 프로젝트팀에서 자체적으로도 진행이 가능하다. 지식인 마케팅은 여러 가지 전략을 펼칠 수 있는데 먼저 질문 키워드에 프로젝트 코인명을 넣고, 프로젝트 소개를 답글로 다는 것이다. 질문의 내용에 프로젝트 코인명이 들어가야 네이버에서 코인명을 검색했을 때 지식인의 질문과 답변이 상위에 노출 될 수 있다. 답변에 아무리 코인명을 많이 넣더라도 질문 글에 코인명이 없으면 상위노출이 어렵다.
또 다른 지식인 전략은 질문에 프로젝트 코인을 넣지 말고 '유망한 코인이 뭐에요?', '최근 진행되는 ICO, IEO, TGE 프로젝트 중 관심 있게 봐야할 코인들 좀 알려주세요.' 라는 질문에 프로젝트 팀이 계속 답변을 다는 전략이다. 한 질문에 일정 기간 동안 여러 답변을 달 수 있는데 프로젝트 팀에서 좋은 자료를 바탕으로 코인을 소개했을 때 질문자가 그 답변을 채택하면 그 답변이 여러 답변 중 가장 상위로 노출될 수 있다.

SNS마케팅 : 블록체인 프로젝트의 브랜드 인지도는 성공적인 커뮤니티 빌딩(마케팅) 캠페인의 핵심이다. 인기 있는 SNS 채널들을 활용해 의사소통하는 것이 필수적이다. 이들 채널에 걸친 브랜드 일관성은 투자자 및 블록체인 생태계 참여자를 안심시키고 브랜드 인지도를 높인다. 모든 채널에 걸쳐 동일한 사회적 인식을 받도록 노력해야 한다. 블록체인과 암호화폐를 위한 가장 인기 있는 소셜 미디어 플랫폼은 다음과 같다.
링크드인 / 트위터 / 레딧 / 페이스북 / 비트코인 토크 / 스팀잇.
SNS마케팅은 구독하기나 팔로우 기능을 통해서 프로젝트의 실시간 뉴스를 팔로워에게 전하는 기능을 유용하게 사용할 수 있다. 카카오톡 등의 단체 채팅방의 인원수처럼 SNS 팔로워 수들도 그 프로젝트의 인지도를 측정하는 중요한 요소가 된다. 코인 평가

사이트를 보면 SNS 팔로워 수들을 면밀히 분석해 주는 곳이 많이 있다. 그만큼 SNS 팔로워의 양과 질이 중요하다. 특히 국내보다는 해외 쪽 프로젝트는 이러한 SNS 채널을 활용하고 국내는 SNS 보다 채팅방을 통한 소통에 무게를 경향이 있다.

인플루언서 마케팅 : 암호화폐 시장에서 유명인이 프로젝트를 홍보해주는 마케팅을 말한다. 인플루언서의 분포는 주로 유튜버, 블로거 등이 있다. 인플루언서가 프로젝트에 대한 홍보를 해줬을 때는 효과가 확실하다는 장점이 있으나, 암호화폐 시장이 강할 때는 효과가 크지만 장이 하락장일 때는 유튜버의 영향력이 약해질 수 있다. 그리고 유튜버나 블로거들의 경우 프로젝트에 대한 홍보를 계속 할 경우 점차 구독자나 팬층의 프로젝트 코인 세일 파워가 약해질 수 있기 때문에 인플루언서 마케팅을 진행할 경우 기존 마케팅을 했던 프로젝트의 세일 효과를 미리 측정해야 한다. 프로젝트의 홍보를 적게 했던 인플루언서 일수록 효과는 더 커진다. 인플루언서 마케팅시 주의점은 인플루언서들의 생명줄인 팬층을 잃지 않기 위해서 프로젝트의 강점이나 세일 추천에 대해 강한 어조로 하는데 한계가 있다. 팬층을 유지하면서 홍보 의뢰를 한 프로젝트의 니즈를 맞추기가 어렵기 때문이고, 프로젝트의 홍보 의뢰는 일회성일 가능성이 크지만 팬들과의 교류는 계속 돼야하기 때문에 인플루언서는 객관성을 잃지 않는 모습을 보여야 한다. 따라서 토큰 세일에 대한 강한 추천보다는 프로젝트의 TGE 일정에 대한 안내 및 이벤트 내용을 알려주는 컨셉으로 인플루언서 마케팅을 활용하는 것이 좋다.

SEO(검색최적화) : 블록체인 프로젝트를 위한 SEO 마케팅은 블록체인이나 암호화폐에 대한 관심이 있는 잠재 고객들을 타겟으로 암호화폐 거래소, 비트코인 시세, 암호화폐 커뮤니티, ICO 정보 등 나올만한 키워드들을 중심으로 공략한다. 이를 가능하게 하는 노하우를 SEO(검색 엔진 최적화) 라고 할 수 있다. 검색엔진 최적화를 통하여 각 프로젝트의 코인명, 팀 멤버, 어드바이저 등 관련 검색어를 검색했을 때, 정확한 정보가 노출되도록 한다. 프로젝트의 첫 번째 마케팅 목적은 프로젝트의 이름을 알리는 것이다. 그런데 막상 이렇게 이름을 알렸지만 포털사이트에서 프로젝트의 이름을 검색했는데 프로젝트의 홈페이지가 노출되지 않는다면 투자자들은 발걸음을 되돌릴 것이다. 동네 마트도 검색하면 홈페이지가 상단에 노출되는 시대인데 글로벌 최고를 지향한다는 백서의 내용과는 다르게 프로젝트 홈페이지조차 포털에 노출되지 않는다면 신뢰도는 추락할 것이다.

키워드 및 SEO 마케팅은 일반 온라인 마케팅에서 쓰는 방법과 크게 다르지 않다. 소비자의 니즈에 따라 필요한 것을 리스트 하는 마케팅의 형태로, 일반적으로 네이버와 구글 상위 노출을 목표로 한다. SEO 전략은 무수히 많으며, 전략에 대해 알려질수록 검색 엔진들도 다양한 방법으로 상위 랭킹 페이지 선정 방법을 발전시키고 있다. 무엇이든 과하면 좋지 않다 심하게 SEO를 의식한, 의도적인 키워드의 지나친 배열, 지나친 반복 등은 구글에서 금지되므로 오히려 역효과를 낼 수 있다. 적당한 선에서 실제 컨텐츠 및 웹사이트의 질을 높여, 이용자들에게 도움이 되게 하면 SEO가 개선될 수 있다.

검색/디스플레이(배너) 광고 : 포털사이트에서 특정 키워드를 검색했을 때 광고 영역에 프로젝트의 홈페이지 주소를 랜딩페이지로 연결하는 광고를 말한다.
네이버나 구글에 입력했을 때 파워링크 등의 서비스이다. 포털사이트에서 광고를 했다는 자체로 프로젝트의 브랜드 파워를 알리기 좋은 마케팅 수단이다.
네이버를 예로 들면 클릭당 단가 등 여러 가지 광고비가 책정이 되는데 비트코인 같이 검색을 많이 하는 키워드광고는 단가가 비싸고, 프로젝트명 검색은 비트코인에 비해 사람들이 검색을 적게 하기 때문에 그만큼 광고 단가는 싸다. 따라서 프로젝트가 포털내에서 얼마나 키워드를 장악했는지를 분석해 보고 부족한 부분을 광고를 통해 채워주는 전략을 추천한다.
디스플레이 광고는 코인판 등의 커뮤니티나 비트맨 같은 포털내 커뮤니티에서 광고비를 내고 광고를 하는 것으로 배너를 클릭했을 때는 주로 프로젝트의 TGE 홈페이지로 연결된다. 프로젝트의 타겟이 되는 투자자가 모이는 커뮤니티에 노출하는 것이 중요하다. 타겟 유저가 가는 곳마다 해당 프로젝트의 광고가 보이면 신뢰도가 높아지고 그만큼 펀딩에 유리한 고지를 점할 수 있다.
디스플레이 광고의 단가는 천차만별이다. 그리고 어떤 대행사를 통해 광고를 의뢰했는지에 따라 같은 커뮤니티 배너라고 해도 단가가 다르다.
따라서 다양한 대행사를 통하거나 직접 단가를 알아보고 가격을 비교분석하는 것이 좋다. 결국 배너광고는 가성비를 최대한 따져야 한다.

- 에어드랍 및 바운티 프로그램

에어드랍은 프로젝트의 적극적인 후원자와 참여자에게 무료 토큰을 수여하기 위해 사용하는 마케팅 전략이다. 예를 들면, 회원가입 후 트위터에서 공유하여 에어드랍에 참여할 수 있다. 에어드랍은 사람들에게 토큰을 줌으로써 그들이 프로젝트에 대해 배우고 참여할 가능성을 더 높인다. 에어드랍을 하는 또 다른 이유는 토큰 소유자가 프로젝트 설립팀, 프로젝트 어드바이저 및 구매자에 의해서만 시작되지 않도록 함으로써 토큰 소유자의 범위를 넓히기 위함이다. 에어드랍을 하기 전 고려해야 할 사항은 첫 번째 무엇보다도 공식 웹사이트 및 마케팅 채널(페이스북, 트위터 등)을 가지고 있는지 확인해야 한다. 이런 것들이 준비되지 않은 상태로 에어드랍을 할 경우에는 에어드랍의 의미가 없다. 두 번째 에어드랍 전략을 통해 무엇을 이루고자 하는지 정해야한다. 예를 들어, 에어드랍의 목적이 카톡방이나 텔레그램 채널로 사람들의 유입 같은 정확한 목표가 있어야 한다. 세 번째 이러한 에어드랍이 블록체인 프로젝트에 무슨 가치가 있는지 고려해야한다. 에어드랍을 할 경우 토큰세일을 통해 얻을 수 있는 이익을 포기하는 것보다 가치가 있는지 고려하는 것이다. 에어드랍 이벤트는 그 프로젝트의 토큰을 무료로 다수의 이용자들에게 나눠주는 이벤드라고 무조건 프로젝트의 토큰을 소비하는 개념이 아니기 때문에 에어드랍과 함께 적극적으로 다른 이벤트를 함께 진행하는 것이 필요하다. 거래소에 상장을 하거나 프로젝트를 평가할 때 얼마나 많은 참여자들이 있느냐도 중요한 요소이기 때문에 다양한 참여자를 확보할 수 있는 에어드랍 이벤트는 단순히 토큰을 나눠주는 것 이상의 의미 있는 프로젝트의 홍보활동이다. 보통 에어드랍을 통해 많이 하는 공식채널 유입 이벤트는 여러 가지가 있다. 입장하자마자 주는 이벤트를 과거에 많이 했는데 토큰을 지급하자마자 채팅방을 나가는 이탈자가 많아 점점 오랫동안 채팅방 안에 머물게 하는 이벤트로 진화하고 있다.
예를 들어 1달 뒤 기준으로 남아있는 인원에 대해서 에어드랍을 한다든지, 퀴즈를 풀어야 에어드랍을 해주는데 문제를 어렵게 내고 답에 대한 힌트를 채팅방에 있어야 볼 수 있게 할 수 있다. 최근 채팅방 입장 이벤트나 초대 이벤트는 어뷰징과의 전쟁이 한창이다. 한 명이 여러 개의 카톡이나 텔레그램 계정을 만들어 에어드랍 수량을 많이 얻는 것을 어뷰징이라고 한다.

특히 글로벌 텔레그램방의 경우 유입자의 10%미만이 실 유입자 수인 경우도 있다. 그만큼 지금은 허수 유입자가 많은 추세이다. 단적인 예를 들면 채팅방에 천명이 넘는 인원이 있지만 막상 대화는 거의 없는 방이 수두룩하다. 이러한 부분 때문에 최근에는 유입된 인원 중 어뷰징을 걸러주고 걸러준 어뷰징에게 배분되어 있던 에어드랍 물량의 일정량을 보수로 받는 업체들도 생겨나고 있다.
유입자들에게 에어드랍을 지급하지 않을 경우 반발이 빗발치는데 업체들은 같은 계정에서 유입된 증거자료를 제공하기 때문에 결국 어뷰저들에게 지급하지 않더라도 반발은 곧 잠잠해지기도 한다. 라이브 에어드랍 이벤트도 있다. 코박 같은 커뮤니티 사이트에서 프로젝트가 라이브 방송을 진행할 때 라이브에 들어온 참여자에게 토큰을 보상해 준다. 여기에 어떤 조건을 내세우면서 프로젝트에 대한 관심을 올리게끔 한다. 예를 들어 프로젝트에 관한 퀴즈를 풀어야만 라이브방송에 들어갈 수 있거나 프로젝트 채팅방에서 라이브 방송 시간을 기습 공지하는 방법도 있다. 이렇게 하면서 프로젝트에 대한 백서나 홈페이지 사업내용을 공부하고, 프로젝트 채팅방 대화내용에 집중하게 된다.

그렇다면 이렇게 이벤트를 한 뒤 수백 명 이상의 에어드랍 대상자에게 토큰을 어떻게 일일이 지급할까? 초기에는 이 작업을 수작업으로 하면서 프로젝트 업무에 과부하가 걸리고 주소를 잘못 입력해 토큰을 제대로 전송하지 못하는 등 부작용이 많았다. 하지만 최근에는 에어드랍 업체나 지갑 업체가 이러한 업무를 대신 해주거나 에어드랍 지급을 스마트 컨트랙트로 미리 작성해놔 자동으로 지급이 되게 한다. 에어드랍의 일반적인 종류는 아래와 같다.

SNS 에어드랍 : SNS투자자들은 소셜 미디어 채널에서 다른 업무를 수행함으로써 에어드랍을 받는다.

가입 에어드랍 : 공식 또는 특정 커뮤니티 등에 가입한 사람에게 토큰을 보상해 주는 에어드랍 방식이다.

레퍼럴(추천인) 에어드랍 : 추천인의 추천으로 피추천인이 특정한 업무를 하거나 커뮤니티에 가입 시 보상 토큰을 준다.

하드포크 에어드랍 : 특정 토큰 보유자에게 새로 생성된 토큰 또는 다른 종류의 토큰을 에어드랍 하는 방식이다.

에어드랍 이벤트시 첫 번째 주의점은, 같은 형태의 에어드랍 이벤트는 2차, 3차로 진행될수록 효율성이 떨어진다는 점이다. 같은 에어드랍 이벤트 홍보업체를 통해 1차부터 수차례 계속 진행하는 경우가 흔한데, 많이 진행할수록 비용이 저렴해 지면 의미가 있겠지만 그렇지 않다면 신중히 고려해야 한다.
한 업체당 보유한 DB들은 정해져 있기 때문에 1차 이벤트에는 유입 효과가 크겠지만 회차가 지날수록 같은 대상으로 같은 이벤트를 하기 때문에 회차 마다 채팅방으로 들어오는 효율이 떨어지므로, 가능한 다양한 업체랑 진행하는 것이 효율적이다.

두 번째 주의점은 에어드랍 물량이 암호화폐 거래소 상장시점에 매도 물량으로 나올 경우 가격하락에 영향을 줄 수 있다. 따라서 무조건 많은 에어드랍을 푸는 것은 경제적인 부담이 되는 것과 동시에 상장 시 물량출회에 대한 부담감으로 이어질 수 있기 때문에 최소의 물량으로 최대의 효과를 노리는 전략이 필요하다. 그렇다고 에어드랍에 소극적으로 임할 경우 프로젝트의 홍보자체가 위축될 수 있다. 따라서 에어드랍은 효율적으로 진행하면서 거래소 상장 시 물량출회에 대한 대비를 해야 한다.
이에 대한 대책은, 첫 번째 스테이킹 이벤트를 추천한다. 에어드랍 물량을 락업을 걸 경우 이자를 지급해 주는 플랜을 짜야 한다. 보통 2개월~1년까지 기간을 길게 락업을 걸수록 연이자를 7%~20%이상을 지급하기도 한다. 길게 하면 할수록 이자를 크게 지급하는 정책을 쓰면서 오랫동안 프로젝트 에어드랍 수량이 매도 물량으로 나오지 않게 해야 한다. 물량에 대한 부담은 상장직

후이다. 상장 전까지 마케팅을 위해 사용했던 에어드랍 물량은 보통 상장직후 매도를 원하는 성격이 짙다. 따라서 장기 홀딩시 이득을 주게끔 이벤트를 걸거나 상장이후에도 코인의 가격이 계속 올라갈 수 있다는 객관적 요인들을 기존 홀더들에게 인식시켜 두어야 매도 물량을 최소화 할 수 있다.
두 번째는 에어드랍을 준 물량은 미리 계산이 가능하므로, 최대 에어드랍 물량이 매도로 나올 상황을 넘는 호재나 매수 물량이 들어올 수 있도록 우호적인 분위기를 형성해 두어야 한다.
바운티가 에어드랍과 다른 점은, 에어드랍은 토큰을 무료로 주는 것을 의미하고 바운티는 예를 들어 사이트 내 버그를 발견해 이를 보고하는 것처럼 특정한 작업을 완수했을 때만 토큰을 에어드랍하는 것을 의미한다. 바운티 캠페인의 목적은 블록체인 프로젝트와 그들의 ICO(또는 TGE)에 대한 인식과 광고 효과를 높이는 것이다. 바운티 캠페인의 이점은 유료 프로모션에 대한 지출을 줄이고 제품이나 서비스를 중심으로 충성스러운 커뮤니티를 개발하는데 도움을 주는 것이다.

- PR 및 언론홍보

PR을 통해 프로젝트와 프로젝트 코인에 대해 알리는 것은 매우 중요하다. 대중들에게 광고와 PR은 엄연히 다른 영역이기 때문이다. 광고와 달리 언론사를 통한 기사 등의 PR은 객관적 자료로 인식하기 때문에 일반 광고와는 다른 차원의 효과가 있다. 따라서 PR은 프로젝트를 알리기 위해 반드시 필요한 영역이다. 네이버 통합검색란에 프로젝트의 이름을 입력해서 검색을 해보면 블로그, 카페, 웹사이트 영역은 활발하게 프로젝트 홍보가 되어 있어도 뉴스영역에 프로젝트 기사가 없다면 투자자가 보기엔 완성도가 떨어지는 프로젝트로 인식할 수 있다.

PR의 첫 출발은 실시간으로 프로젝트나 경쟁사의 뉴스를 모니터링을 하는 데서 시작한다. 프로젝트에서 직접 24시간 모니터링하기 벅차다면 PR대응 팀에 맡기기도 한다.

프로젝트의 부정적 이슈가 뉴스를 통해 나올 경우 발 빠른 대응기사가 필요하다. 먼저 해당 기사를 낸 언론사에게 내용확인을 해보고 정정기사를 요청하는 것과 동시에 대응기사도 발 빠르게 내야한다. 긍정적 이슈 10가지보다 1가지의 부정적 이슈에 대중은 집중한다. 따라서 리스크 관리가 가장 중요하다.

정정기사를 내지 못할 경우 다른 이슈에 대한 기사를 물량 있게 내서 포털사이트 내에서 최신순과 정확도순으로 봤을 때 부정적 이슈를 과거 페이지로 넘어가게 신규 기사를 많이 내야 한다.

기자 대면 인터뷰도 있다. 보통 CEO나 CTO, CSO 등이 인터뷰를 하는데 프로젝트를 알리는 것과 동시에 CEO의 철학과 경력, 강점을 내세워야 한다. 기사는 다양한 양식이 있는데 기사송출, 인터뷰, 칼럼 등이 있다.

기사는 주로 프로젝트가 TGE를 진행하면서 호재가 있을 때마다 기사형태로 내보내는데 활용할 수 있다. 인터뷰는 프로젝트의 CEO등이 인터뷰 형태로 진행하는 것도 병행해야 한다. 투자결정의 큰 요인 중 하나는 프로젝트의 CEO가 코인을 통해 펀딩을 받은 뒤 얼마나 사업을 잘 키워내고 코인의 가치를 올릴 수 있는가이다. 칼럼은 프로젝트의 전문성을 보여줄 수 있는 강력한 역할을 한다.
본인들의 영역에서 얼마나 전문적인 지식이 있고, 어떤 의견이 있는지를 내세우면서도 비용의 부담이 없기 때문에 적극적으로 활용해야 한다. PR은 대행사를 통해 진행되는데 유료와 무료가 있다.
유료와 무료의 기준은 기자에게 기사거리를 제공할만한 강력한 재료가 된다면 얼마든지 무료로 진행할 수 있지만 대부분 프로젝트가 내보내고 싶은 기사는 언론사 입장에서 그렇게 매력적인 기사거리에 못 미치기 때문에 비용이 들어갈 수 있다. 반대로 프로젝트의 칼럼 등 전문적인 영역은 무료로 활용할 수 있다.

- 오프라인 마케팅(밋업, 컨퍼런스)

밋업 행사의 목표는 홍보증대와 프로젝트 브랜드의 상승이다. 온라인 마케팅으로는 채우지 못하는 마케팅이 밋업 오프라인 마케팅인 것이다. 밋업의 형태는 다양하다. 박람회형 밋업, 페스티벌형 밋업, 토론회형 밋업, 콘서트형 밋업 등, 프로젝트의 목적에 맞게 기획을 해야 한다. 블록체인 프로젝트는 밋업이라 불리는 오프라인 형태의 컨퍼런스 활동을 활발하게 한다.
암호화폐시장이 활황기에는 5성급 호텔에서 초호화로 진행되기도 했고, 시장이 안 좋을 때는 중소형 밋업 위주로 진행됐다. 진행순서는 먼저 진행 대행업체와 미팅을 통해 견적을 짜야한다. 이후 진행자와 패널을 섭외해야 하고, 대관을 확정해야 한다. 대관을 할 때는 위치가 중요하다. 국내 프로젝트 밋업의 80%이상은 강남권에서 진행된다. 강남권에서도 주차 때문에 대중교통이 편리한 곳이 좋다. 이후 시스템 및 연출에 대한 협의가 필요한데 전체적인 컨셉을 미리 정하는 것이 중요하다.

프로젝트의 색깔을 잘 나타낼 수 있는 전체적인 분위기와 컨셉을 정하고 나서 세부적인 연출을 기획하는 것이 일관된 분위기를 유지할 수 있다. 이후 참가자를 모집해야 한다. 코인시장이 호황일 때는 참가자 모집의 부담이 적지만 침체기에는 모집을 하는데 상당한 노력이 필요하다.

온오프믹스에 밋업 내용을 올리고 각종 커뮤니티와 바이럴, 에어드랍 이벤트 등을 병행해야 한다. 사전 예약을 통해 몇 명이 참석할지를 체크하는 것이 매우 중요하다. 긍정적으로 책정했다가 큰 공간에 참석자가 얼마 없을 경우 아무리 좋은 프로젝트라고 하더라도 밋업의 분위기는 썰렁하기 그지없다.

반대로 참석자가 들어오지 못할 정도로 많이 왔을 경우 각종 컴플레인이 빗발칠 수 있다. 먼저 입장을 할 때 사전예약에 대한 확인 작업을 할 경우 줄이 계속 밀릴 수도 있다. 밋업 내부에서는 앉을 자리가 없거나 아예 들어가지 못할 수 도 있다. 그리고 실내 온도도 사람이 꽉 들어찼을 때와 아닐 때를 신경써야한다.

대부분의 밋업은 프로젝트의 장점과 가능성을 알리기 위해 하는데, 온라인과는 다르게 직접 투자자들과 눈으로 소통하기 때문에 현장의 분위기에 따라 효과는 매우 클 수 있다. 온라인으로 프로젝트 자료를 아무리 올려도 프로젝트에 대한 신뢰는 결국 사람과 사람사이에서 형성된다. 대표의 진실된 표정, 제스처, 다른 투자자들의 반응이 한데 어우러져 현장의 열기가 투자에 그대로 전달되기도 한다. 반대로 집중도가 떨어지는 밋업 분위기가 형성될 경우 투자자들의 방관과 이탈로 이어질 수 있다.

밋업은 규모가 크다고 무조건 좋다고 할 수 없다. 암호화폐 시장이 안 좋은데 초호화 밋업을 준비한다면 시장에서 부정적인 인식이 커질 수 있다. 화려한 밋업으로 투자자를 모아서 한탕을 하려는 것으로 비춰질 수 있기 때문이다. 시장이 안 좋을 때는 오히려 담백하고 진솔한 분위기로 밋업을 진행해 투자자들과의 공감을 이끌어 내는 것이 중요하다.

밋업 비용에는 장소대여료, 밋업 홍보비용, 대행사 비용, 진행 인건비, 식비, 이벤트 비용 등이 있다. 온라인 마케팅에 비해 오프라인은 비용 부담이 크다. 비용도 프로젝트의 코인보다는 현금이나 기축 코인으로만 진행될 가능성이 크다. 따라서 프로젝트의 예산에 맞춰 보수적으로 진행해야 한다.

오프라인 행사는 변수도 많다. 당일 시내 교통상황으로 인해 늦게 오는 사람들의 비중이 클 수 있고, 동시간대 비슷한 컨셉의 밋업이 있어서 모객이 생각보다 적을 수 있다. 현장 무대 상황에서 오류가 발생하기도 한다. 발표자들의 발표시간이 계속 길어져 진행이 꼬이고 장소 대여료가 추가될 수도 있다.

간혹 투자자들의 현장에서의 항의가 벌어지는 경우도 있다. 이렇게 오프라인 행사는 변수가 많고 예산도 미리 정한 비용보다 더 나오는 경우가 부지기수다. 따라서 예산을 너무 타이트하게 잡으면 안 되고 일정부분 추가 비용이 나올 수 있다는 것을 염두에 두어야 한다.
밋업의 준비 절차 중 첫 번째는 밋업 행사의 홍보이다. 잔치는 사람들이 북적이는 맛이다. 투자설명회도 사람들이 가득차야 프로젝트의 위상이 높아질 수 있다. 사람이 적다면 오히려 밋업을 진행하지 않는 것보다 못할 수 있다. 행사홍보를 위해선 커뮤니티에 밋업 행사에 대해 알려야 한다. 커뮤니티에 별도 섹션에 밋업 홍보란이 있기 때문에 적극 활용해야 한다.
이후 각종 코인관련 오픈채팅방에 행사에 대해 알리고, 밋업 관련 DB를 통해 문자나 이메일로도 초청장을 보내야 한다. 업계의 저명인사들에게는 VIP초청장으로 보내 최대한 참여를 유도해야 한다. 저명인사들이 밋업 참석 전후로 본인의 SNS를 통해 밋업 홍보를 자연스럽게 할 수 있기 때문이다.
이후 현직기자들에게 초청장을 발송해야 한다. 현직 기자들에게 대표의 인터뷰 요청을 하고 밋업 행사의 사진을 찍기 좋게 PRESS ZONE을 별도로 만들어야 한다. 이후 기자들에게 기사송출용 보도 자료를 작성해 송출해야 한다. 유튜버, 파워블로거 등의 인플루언서들도 초청을 해야 한다. 케이블 경제 채널에도 행사를 알려 촬영을 한다면 유용하게 홍보를 할 수 있다.
초청을 마무리 했다면 행사당일 사용할 물품을 준비해야 한다. X배너와 리플랫을 디자인하고 제작을 미리 해 밋업 행사장 곳곳에 비치해야 한다. 진행요원들이 사용할 명찰과 밋업 행사 홍보영상 제작도 하면 좋다. 행사진행시 전문사회자를 미리 섭외해야 한다. 해외 프로젝트나 해외 투자자들이 대거 참석한다면 영어나 중국어 등을 함께 사용할 수 있는 사회자가 필요하다. 행사를 총괄하는 총괄감독과 사진촬영 작가 등이 필요하다. 해외 프로젝트시 실시간 통역사와 통역부스, 통역기가 필요하다. 비용이 부담스럽다면 여러 프로젝트들이 공동으로 진행하는 밋업 형태도 좋다. 밋업이 늘어나면서 밋업에 투자자들을 참석시키는데도 상당한 부담이 있고, 장소 대여료 등도 절감되기 때문에 공동 밋업 형태가 늘어나는 추세이다. 다만 공동으로 참가하는 프로젝트에 대한 기본적인 퀄리티는 체크를 하는 것이 좋다. 오프라인 밋업 마케팅에 대해 알아봤는데 오프라인과 온라인 마케팅은 서로 시너지가 크다.

예를 들어 밋업 행사에는 반드시 기자들을 초청해서 밋업에 대한 기사가 나갈 수 있도록 해야 하며 기자VIP석을 반드시 만들어 우호적인 여론이 형성되도록 각별히 신경 써야 한다. 밋업 현장에서 CEO의 인터뷰가 진행되면 좋고 다른 밋업과의 차별성을 강조해 기자들이 기사를 쓸 수 있는 여러 재료들을 풍부하게 만드는 것이 좋다.

밋업 현장에 참석하지 못한 기자들과 PR대행사를 통해 언론기관에 밋업 현장의 기사를 보내 기사가 최대한 많이 나올 수 있도록 준비해야 한다. 파워블로거를 초청하거나 후기 블로그를 작성하고, 코인판 등의 커뮤니티에도 다양한 후기를 작성해 오프라인과 온라인의 시너지를 최대한 창출해야 한다.

비용처리 : 보통 마케팅을 진행할 때 두 가지 케이스가 있다. 현업에서는 크립토 업종이라는 특성으로 코인을 받는 경우와 현금

결제 방식 두 가지가 있다. 코인으로 받는 경우는 비트코인이나 이더리움 등 메인 코인으로 받는 경우는 사실상 현금결제와 다를 바가 없지만 프로젝트 팀으로써는 가능한 프로젝트 코인으로 비용을 지불하고 싶어 한다.
마케팅 업체에서는 프로젝트 코인이 소프트캡(최소 모집자금)실패시나, 상장 실패, 또는 상장했지만 가격이 프리 세일가격보다 훨씬 낮은 가격으로 상장될 리스크가 있기 때문에 프로젝트 코인으로 받기를 꺼려한다. 따라서 프로젝트 코인의 성장성을 마케팅 업체도 인식하게끔 설득해 현금 비용부담을 최소한으로 줄여야 한다.

최고의 블록체인 프로젝트 커뮤니티빌딩(마케팅) 전략을 요약하면
1. 소셜 미디어, 언론 채널을 통해 적극적으로 소통하라.
2. ICO(또는 TGE)시 투자자는 클릭 한 번으로 투자를 결정하지 않는다. 인내심을 갖고, 프로젝트의 소식을 지속적으로 업데이트 해야 한다.
3. 분석하고 데이터를 수집하고 그중에서 최고의 전략을 골라라! 디지털 마케팅의 모든 면을 추적하고 최적화하는 것은 중요하다. 전체 과정을 분석하면, 블록체인 프로젝트 커뮤니티 빌딩(마케팅)을 위한 최선의 방법을 찾을 수 있을 것이다.

효과적인 커뮤니티 빌딩(마케팅) 전략을 개발하는 것은 도전적이고 많은 시간을 소비한다. 따라서 필요하면 전문화된 ICO 마케팅 에이전시로부터 전문적인 도움을 받는 것이 좋다.

CHAPTER 11. 거래소 상장 및 상장 이후 프로젝트 관리

- 거래소가 중요하게 평가하는 요소

ICO 열풍이 불면서 많은 사기(SCAM)성 코인도 등장했다. 대표적으로 한국에서 뉴스를 떠들썩하게 했던 '신일골드코인(SGC)'은 로드맵과 백서도 없이 코인을 발행하고 실제로는 보물선을 인양할 수 있는 능력조차 없는 것으로 밝혀지기도 했다. ICO 애널라이즈드 라는 ICO 평가 업체는 신일골드코인(SGC) 프로젝트에 최하점을 부여했다. 또 다른 예로 캐나다의 신생 기업인 PlexCorps는 Plexcoin을 발행했다. 이들은 가짜 어드바이저를 내세우고, 본인의 금융 범죄 사실을 투명하게 공개하지 않았으나 많은 사람들이 참여하여 1500만 달러(한화 약 170억 원)의 역사상 가장 큰 ICO 사기 사례를 만들었다

이러한 사례가 지속적으로 생겨나면서 다양한 암호화폐 프로젝트가 백서와 로드맵을 더 구체화하고 실질적인 기술력을 필요로 하게 되었다. ICO를 분석하는 방법은 다양하지만 많은 크립토 펀드(Crypto Fund)나 거래소가 공통적으로 중요시 하는 부분이 있다.

프로젝트에 대한 블록체인 기술의 필요성 : 프로젝트에 블록체인 기술이 꼭 필요한지를 판단해야 한다. 굳이 필요도 없는 산업에 억지로 블록체인 기술을 접목하려고 한다면 분명 탈이 날 것이다. 이는 ICO 열풍이 워낙 심해 ICO를 통해 자금 조달을 쉽게 해보겠다는 생각으로 구체적인 계획을 세우지 않고 기술력도 가지지 않은 상태에서 무분별하게 시작하는 경우가 많이 생겨났기 때문이다. 이런 상황에서 거래소는 블록체인 기술과 암호화폐가 비즈니스 모델에 필요한지를 판단하고 이를 통해 프로젝트의 성패와 확장성을 평가한다.

프로젝트의 팀 구성 : 팀을 구성하고 있는 멤버들의 경력 사항을 중요시한다. ICO 프로젝트는 혁신적인 기술을 기반으로 하기 때문에 고도의 전문성과 노력 그리고 시간이 필요하다.
이에 따라 팀 전체의 전문성과 비즈니스 경험에 대해 세밀한 검토를 진행한다. 특히 개발팀과 어드바이저에 대한 학력, 경력, 성공 사례 등 모든 정보를 최소한 링크드인(Linkedin)이나 깃허브(Github)같은 곳에 투명하게 공개해야 한다.
어드바이저는 과거 경력이나 평판이 좋지 않거나 성공 사례가 없을 경우 오히려 프로젝트를 평가받는데 있어 좋지 않은 영향을 끼칠 수 있다. CEO와 CFO, CTO가 각각 존재해야 한다.
소수의 인원이 여러 가지 포지션을 겸하고 있다면 평가에 좋은 점수를 받을 수 없다. 또한 규모가 큰 사업이므로 이러한 경험이 풍부한 사람이 많을수록 좋다. 이를 기반으로 경력과 전문성을 검증한다.

백서 : ICO 프로젝트가 사업에 대해 증명할 다른 Fundamental이 딱히 존재하지 않기 때문에 백서가 굉장히 중요하다. 백서는 단순히 사업계획서로 볼 수도 있지만 비즈니스 모델, 자금 조달 계획, 팀 정보, 로드맵, 토큰 이코노미 등 여러 가지 정보가 담겨야 한다. 이를 투명하게 작성하고 공개해야 거래소에서 상장평가를 할 때 정확한 평가를 받을 수 있다.

오픈 소스 : 최근 깃허브(Github)를 통해 개발자는 자신의 코드를 공개할 수 있고 평가를 받을 수 있다. ICO 프로젝트의 개발자는 자신의 개발 역량을 표시하고 진행 상황과 업데이트 되는 내용을 지속적으로 확인시켜야 좋은 평가를 받을 수 있다.

시장성 : 거래소는 암호화폐가 상장된 후 꾸준히 좋은 활동을 하여 오랜 기간 동안 시장에서 살아남기를 바란다. 따라서 ICO 프로젝트의 아이디어와 실행력을 굉장히 중요시한다. 실행력은 투자금을 유치하는 것도 포함될 수도 있지만 앞서 언급한 팀 구성을 통해 평가하게 된다. 따라서 아이디어의 잠재력을 보고 앞으로의 시장성과 확장성 그리고 다른 비슷한 프로젝트와 비교하여 어떤 특이한 차별성이 있는지 평가한다.

법적 이슈 : 앞서 말한 요소들이 모두 충족되었다고 하더라도 법적으로 문제가 발생할 여지가 조금이라도 있다면 거래소는 물론 프로젝트를 시작하기조차 힘들 것이다. 또한 계속해서 변화하는 법적 규제 상황이 달라지므로 자체적인 법률팀을 구성하고 있다

면 평가를 받을 때 가산점을 받을 수 있고 직접적으로 갖추고 있지 않다면 법률팀과 파트너십을 맺고 프로젝트가 끝날 때까지 자문을 받는 것이 좋다.

- 거래소 상장 조건 예시

거래소 A 상장조건

국내 최대 거래소 중 하나가 2018년 10월 거래소 상장을 위한 3대 원칙을 공개했다. 해당 거래소는 프로젝트의 투명성, 거래의 원활한 지원가능성, 투자자의 공정한 참여가능성을 상장에 중요한 3가지로 선택하고 21가지의 세부 항목을 진행한다고 밝혔다.

원칙 1. 프로젝트의 투명성

프로젝트 법인의 실체가 적법하게 존재하거나 암호화폐 개발을 위한 커뮤니티가 활성화 되어 있다. 블록체인 관련 개발역량을 자체 보유하거나, 역량이 있는 업체와의 파트너십 등을 통해 기술적인 역량을 직간접적으로 보유하였다. 표절, 사기 등 평판에 큰 문제가 존재하지 않는다. 사업계획에 중대한 이슈가 발견되지 않는다. 프로젝트의 Hard Cap 혹은 Market Cap이 해당 분야의 시장 크기와 비교하여 현저히 과도하지 않다. 토큰 이코노미에 대한 정보를 제공하고 있다. Demo / Prototype / MVP / Alpha / Beta 등 사전 모델을 구축하여 테스트하거나, 구체적인 일정 계획을 제시하고 있다.

▲법규 준수 및 법률실사 : 진행 중 혹은 예정인 사업이 관련 법규에 위배되지 않음을 법률 검토 받았거나, 규제 준수 확약서를 작성하였다. 사업계획에 사회통념상 공익을 현저히 해하는 요소가 존재하지 않는다. (도박, 마약 등)
▲기술 역량 : 주요 보안 문제에 대응 가능한 역량 및 체계를 구축하였다. 블록체인 Product가 원활히 구동되거나, Product의 기술적 로드맵에서 심각한 결함이 발견되지 않았다.
▲사용처 : 토큰의 사용처가 명확하다. 블록체인 기술 활용을 통해 나타나는 효과 및 부가가치를 명확히 설명할 수 있다.

원칙 2. 거래의 원활한 지원 가능성
▲기술 호환성 : 암호화폐가 거래소와 호환 가능한 기술적 기반을 갖추고 있으며, 빠르고 안전한 지갑과 입출금 시스템을 구축할 수 있다.
▲빠른 대응 및 협조 능력 : 기술적 문제 발생 시 빠르고 효과적으로 대응할 수 있도록 거래소와의 커뮤니케이션 채널을 구축하고 있다. 이해관계자 및 유관기관의 피드백 수용이 가능하도록 커뮤니티 운영 등 대외활동을 하고 있다.

원칙 3. 투자자의 공정한 참여 가능성
▲초기 분배의 공정성 : 토큰의 판매 및 분배 이력을 공개하였다. 합의 알고리즘 등 토큰의 통화 체계에 대한 정보를 제공하고 있다. 상장 직후 거래 가능한 암호화폐의 수량이 소수에 과도하게 집중되어 있지 않다. 암호화폐 프로젝트 팀의 도덕적 해이 또는

투자자와의 이해상충이 현저하게 발생할 가능성이 있는 과도한 토큰배분을 하지 않았으며, 적절한 보호예수 기간 또는 처분조건을 설정하였다.

▲네트워크 운영의 투명성 : 네트워크를 통해 토큰의 이동 및 교환이 확인 가능하다.

거래소 B 상장조건

▲시장경쟁력 : 프로젝트가 해결하고자 하는 시장 혹은 사용자의 니즈가 무엇인가? 유사 프로젝트가 존재하는가? 존재한다면, 이 프로젝트만의 강점은 무엇인가? 프로젝트의 목적이 합법적이며 사회 발전에 공헌하는가?

▲프로젝트 수행능력 : 프로젝트 로드맵이 구체적이며 현실적인가? 설정한 로드맵을 잘 준수하는가?

▲제품 퀄리티 : Github 등을 통해 소스코드를 공개하고 있는가? 피어 리뷰, 유닛 테스트 등 자체적인 노력을 하고 있는가? 버그 바운티, 외부 코드 감사 등 외부 자원을 활용하고 있는가? Smart Contract 전문 코드 감사 업체로부터의 감사를 받고 있는가? ICO 모금액을 안전하게 보관하기 위한 기본적 조치를 수행하였는가?

▲보안 : 해킹, 신용 사기 등 취약점을 대비할 수 있는 보안 방안이 있는가? 리플레이 어택 프로텍션이 구현되어 있는가?

▲팀원의 전문성 : 주주, 경영진, 자문위원, 팀원이 업계에 대한 전문성이 있는가?

▲자금 안정성 : 예산이 합리적으로 설정되어 있는가? 미래 개발을 위한 자금 조달 계획이 존재하는가?

▲시장 : 시가 총액이 어느 정도인가? 어느 거래소에 상장되어 있는가? 자산이 여러 국가(지리적 구분)의 사용자에게 분배되어 있는가?
▲시스템 유지 : 참여자들의 자발적 참여를 끌어내기 위해 어떤 보상 시스템을 제공하는가?

거래소 C 상장조건
▲프로젝트 자료를 완비해야 하며 정확해야 한다.
▲정책에 의한 위험성이 없고 전문성 및 규정 준수에 대한 요구사항을 충족해야 한다.
▲프로페셔널 투자기관의 추천을 받아야 한다.
▲강력한 팀 구성과 커뮤니티를 유지하고 관리해야 한다.
▲실제 기술 지원을 하고 있거나 응용 프로그램이 존재해야한다.
▲프로젝트의 백서와 정기 개발 및 진행 보고서 등을 통해 프로젝트에 대해서 진실된 정보를 공개해야 한다.

- 상장 후 관리 프로세스

상장 폐지 조건
거래소 A : 법령에 위반되거나 정부 기관 또는 유관 기관의 지시 또는 정책에 의해 거래 지원이 지속되기 어려울 경우. 해당 암호화폐의 실제 사용 사례가 부적절하거나 암호화폐에 대한 사용자들의 반응이 부정적인 경우. 해당 암호화폐의 기반 기술에 취약성이 발견되는 경우. 해당 암호화폐가 더 이상 원래의 개발팀이나 다른 이들로부터 기술지원을 받지 못할 경우. 해당 암호화폐가 해당 거래소에 거래지원이 개시되었을 당시 맺었던 서비스 조건 및 협약서를 암호화폐 개발팀 또는 관계자들이 위반한 경우. 해당 암호화폐에 대해 사용자들의 불만이 계속적으로 접수되는 경우. 상기 각호의 사유와 유사하거나 해당 거래소 사용자들을 보호하기 위한 경우.

거래소 B : 법령 혹은 정부 및 주요 기관의 규제/정책에 위반되는 경우. 암호화폐의 거래량이 현저히 떨어져 유동성 공급이 어려운 경우. 심각한 기술 혹은 보안 취약점이 발견된 경우. 해당 암호화폐 프로젝트가 해체된 경우. 기술 개발이 중단되는 경우. 상장시 해당 거래소와의 구두 및 서면 협의 사항을 위반한 경우. 해당 거래소의 요청에 응답이 늦어 기술 지원과 고객 문의 대응이 어려울 경우. 해당 거래소 이용자에게 피해가 예상되는 경우.

거래소 C : 8번 이상 주간 보고를 갱신하지 않았을 경우. 토큰 가격에 영향을 미칠 수 있는 중대한 사건을 숨기는 경우. 자금 세탁, 사기, 다단계 판매 등의 불법적인 행위를 하는 경우. 일평균 거래액이 연속적으로 30일 이상 10만 USD 혹은 기타 동일한 가치의 코인보다 낮은 경우. 심하게 시장 조작을 하는 가능성이 있는 경우. 마케팅을 할 때 해당 거래소나 커뮤니티 이익에 해를 끼치는 경우. 팀이 해체되거나 인원 변동이 발생하는 경우.

*** 거래소 상장 후 관리 프로세스 예시

모든 거래소가 상장이 종착점이 아니며, 그 이후로 지속적인 업데이트와 일정 수준 이상의 거래량이 발생하지 않는다면 거래소에 상장된 이후에도 폐지가 될 수 있음을 공지한다. 따라서 ICO 프로젝트는 상장 이후에도 끊임없는 사후 관리가 필요하다.
기술적인 업데이트는 주간, 월간으로 꾸준히 해주어야 한다. 호재의 지속적인 노출이나 마케팅이 필요한 것은 물론이고 거래량이 일정 수준 이하로 떨어지지 않도록 시장가격을 왜곡하지 않는 적정한 수준에서 유동성 관리가 필요할 수 있다.

거래소 상장 Summary : 앞서 말한 거래소 3곳의 상장 조건과 상장 폐지 조건은 비슷하다. 대표적으로 3곳을 비교했지만 대부분 모든 거래소들의 조건은 비슷하다. 거래소마다 특별히 중점을 두는 부분과 그것에 대한 정도가 다를 뿐이다.
공통적으로 모두 탄탄한 팀원과 어드바이저를 통해 프로젝트가 진행되는 것에 높은 점수를 부여한다. 또 실제로 기술 개발이 되고 있고 그 진척도가 로드맵을 잘 따르고 있는 것이 중요하다.
그 이후에는 법적인 문제가 없는지, 얼마나 대중에게 투명하게 공개되어 있는지, 블록체인이 실제로 필요한 비즈니스 모델인지 등을 평가한다.
상장 폐지 기준도 공통적으로 지속적으로 기술 개발 내용에 대한 업데이트가 부족하거나 법적인 문제가 발생할 시 혹은 투자자들이나 대중들에게 더 이상 매력적으로 느껴지지 않는다면 폐지가 된다. 따라서 ICO 프로젝트를 시작하기 전에 꼭 블록체인 기술이 접목되어야 하는 비즈니스 모델인지 판단해야하며 팀원과 어드바이저들이 실제로 참여하고 탄탄한 실력이 기반이 되면 좋다.
법적인 이슈는 항상 자문을 통해 대비해야 하며 모든 면에서 투명하게 공개하는 것이 좋다. 또 투자자들에게 적절한 락업 기간을 정하고 보상을 높은 기준으로 돌아가게 하여 매력도를 높이는 것도 중요하다.

CHAPTER 12. 새로운 대안 STO (증권형 토큰)

- STO는 무엇인가

증권형 토큰은 ICO의 대부분을 차지했던 유틸리티 토큰과 성격이 다르다. 기존 유틸리티 토큰은 블록체인 서비스에서 사용할 수 있지만 유틸리티 토큰이 프로젝트의 지분을 보유하거나 채무관계를 형성시키는 것은 아니다. 유틸리티 토큰 대비 증권형 토큰의 특징은 무엇일까? 먼저 자산의 소유성격이 강하다. 자산이라는 것은 부동산, 주식, 채권, 동산(미술품, 자동차 등) 등이며, 이를 기초자산으로 만든 토큰이 증권형 토큰이다. 유틸리티 토큰은 블록체인 프로젝트의 사용자들이 활성화되기 전까지 가치를 수치적으로 측정하기가 매우 어렵지만, 증권형 토큰은 기존 부동산이나 주식의 가격으로부터 토큰 하나의 가치를 측정하기가 수월하다. 따라서 증권형 토큰의 두 번째 특성인 자산 가치 상승으로 인한 토큰의 수익 상승을 기대해 볼 수 있다. 이러한 장점들이 있는 반면 단점도 있다. 증권형 토큰의 세 번째 특징인 자금조달 절차의 복잡성을 들 수 있다. 유틸리티 토큰은 현재 국가별로 자산의 성격을 법적으로 정한 부분이 없기 때문에 ICO, TGE를 진행할 때 투자자의 자산과 토큰을 교환해 주는 간단한 방식으로 자금을 조달할 수 있었지만, 증권형 토큰은 부동산, 주식을 통해 투자자를 모집할 때와 똑같은 절차로 투자자를 모집해야하기 때문에, 유틸리티 토큰과는 비교가 안 될 정도로 복잡한 과정을 거치게 된다. 또한 투자자를 모집할 때도 모든 투자자에게 금액 제한 없이 모집할 수 있었던 유틸리티 토큰에 비해 증권형 토큰은 일반투자자, 적격투자자 등에 따라 투자자금모집에 제한이 생길 수 있다.

증권형 토큰이 주목받는 있는 가장 큰 이유는 유틸리티 토큰의 한계, ICO 모집의 부작용, 범세계적으로 ICO에 대한 규제강화를 들 수 있다. 자금세탁방지, 세금이슈 등을 해결하기 위한 국제적인 공조도 계속 될 것이다. ICO는 백서만으로도 수십억, 수백억 원의 자금을 모집했지만 막상 블록체인 프로젝트가 진행되더라도 기대치에 못 미치거나 아예 서비스 제품이 안 나오는 경우도 허다했다. 투자자에게 투자위험성에 대한 고지나 투자자별 성숙도를 따져서 안내를 하는 절차도 없이 무분별하게 투자자를 모집하기도 했다. 함량 미달의 프로젝트는 기술과 서비스개발보다는 마케팅이나 화려한 밋업에 치중해 투자자들의 자금을 쓸어 담았다. 또한 투자자금을 모집해서 잠적하거나, 총판이나 다단계 형식으로 투자자를 모집하거나, 토큰을 지급하지 않거나, 계약과는 안 맞는 조건으로 토큰을 지급하는 경우도 빈번하게 발생했다.

ICO의 한계점이 여실히 드러나고, 암호화폐 시장의 하락도 장기화되다 보니, 정식절차를 거친 시장의 검증을 받은 STO프로젝트에 대한 시장의 니즈는 계속 커지고 있다. 디지털자산의 유동화성 또한 증권형 토큰이 주목을 받는 큰 이유다. 부동산이나 미술품 같이 유동성이 낮은 자산의 유동성 문제를 토큰화를 통해 해결할 수 있기 때문이다. 부동산은 유동성이 매우 낮다. 유동성이란 한마디로 자산의 현금화를 간편하게 처리할 수 있는 정도라고 할 수 있다.

부동산의 유동성을 높이기 위해 REIT같은 간접상품이 출시됐지만 미국 및 일부 국가를 제외하곤 활성화 정도가 낮다. 주식의 유동성 비율에 비해 부동산의 유동성 비율은 특히 매우 낮다. 따라서 토큰화를 통해 부동산을 유동화 하는 것은 디지털 경제 중 가장 큰 잠재력을 지닌 분야이다. 이것이 바로 유동성이 낮아 제대로 가치를 인정받지 못해 '유동성 디스카운트'가 있는 자산에 블록체인 기술을 적용하면 그 가치가 상승하는 효과를 주는 부분이다.

2018년 10월 미국 콜로라도 주에 위치한 세인트레지스 아스펜 리조트가 크라우드 펀딩 플랫폼 인디고고를 통해 리조트 밸류에이션의 18.9%에 달하는 지분을 토큰화해 1천8백만 달러를 모금했다. 아스펜 코인은 미국 대체거래소(ATS) 라이선스를 가진 템플럼 마켓에 상장돼 거래가 가능하다. 미국의 증권형 토큰 발행 플랫폼 업체인 하버가 추진하고 있는 허브 콜럼비아 REITS도 또 다른 부동산 토큰화 사례이다. 수익형 부동산인 대학생 기숙사를 토큰화해 컨벡서티 프로퍼터가 51% 지분을 가지고 나머지 49% 지분을 투자자에게 판매하는 방식이다. 투자 후 90일이 지나면 블록체인 상에 발행된 토큰을 이용하여 거래가 가능하다.

예술품의 경우는 부동산보다 유동성이 더 낮다고 볼 수 있다. 예술품 시장도 블록체인을 활용해 유동성 문제를 해결할 수 있다. 3조 달러의 자산 가치를 지닌 예술품들은 18세기 이후부터 본격적인 투자자산으로 발전해왔다. 하지만 현재까지도 경매 하우스나 갤러리, 딜러 및 아트 페어를 통해서만 거래가 될 정도로 유동성이 매우 낮다. 예술품은 Christie's 및 Sotheby's 같은 소수의 중앙화된 기관에 의해서만 거래되고 있다. 따라서 토큰화를 통해 예술품을 디지털 자산으로 변환시켜 유동성을 높이려는 블록체인 프로젝트들도 생겨나고 있다. 예술품 투자 블록체인 플랫폼 Maecena는 2018년 9월 앤디워홀의 '작은 전기의자' 14점을 토큰화해 100명의 투자자에게 판매하는데 성공했다. 경매는 이더리움의 스마트 컨트랙트를 통해 진행됐고 입찰자는 BTC, ETH, maecena가 발행한 자체 토큰인 ART를 사용할 수 있었다. 해당 경매에는 170만 달러 규모의 입찰금이 조달됐다.

미술품, 각종 사업권(어업권, 광업권), 특허권, 저작권, 임차 권리금 등과 같은 대체 자산이 토큰화 되어 유동성을 높이는 기회도 부여한다. 유동성뿐만 아니라 디지털 자산은 비용 효율화에도 효과적이다. 블록체인 기술을 활용해 문서작업 및 중개인의 역할을 최소화하고 자산을 토큰화해 높은 유동성과 낮은 비용 두 가지를 모두 해결할 수 있다. LA Token은 주식, 채권, 부동산, 예술품과 같은 투자자산을 토큰화하기 위해 기존 중앙화 기관 대비 낮은 수수료를 제시하고 있다. Maecenas는 수십 퍼센트 대의 수수료를 부과하는 기존 플랫폼 대비 매우 낮은 2~6%의 수수료를 제시하며 예술품 거래에 수반되는 비용을 낮추려 하고 있다. 우리나라에서도 외국처럼 증권형 토큰 발행을 직접 한 것은 아니었지만, 블록체인 기반 플랫폼을 활용해 유사한 시도가 이뤄지고 있다. 열매컴퍼니가 운영하는 아트앤가이드는 김환기 화백의 '산월'을 공동구매 방식으로 4,500만원에 팔았다. 개인들은 100만원으로 이 작품의 소유권 일부를 보유하게 되는 것이다. 예술품 크라우드 펀딩 사이트인 아트투게더는 예술품만을 전문적으로 펀딩한다. 다양한 미술품에 최소금액 1만 원 이상을 투자할 수 있다. 2018년 11월에는 피카소의 Halte de Comediens ambulants avec Hibou 작품에 28,100,000원 정도 모금했다.

- 증권형 토큰의 생태계

증권형 토큰의 생태계에는 발행시장과 유통시장, 보안시장, 법률 등이 있다. 증권형 토큰의 발행시장은 polymath, harbor, swarm, securitize와 같은 STO 플랫폼이, 증권형 토큰을 발행하는데 필요한 전반적인 서비스를 제공하고 있다. 증권을 발행할 때는 신원을 검증해야 하는데 기존 ERC-20의 경우 KYC/AML을 제공하지 못하는 단점이 있다. 따라서 STO 플랫폼은 자체 프로토콜을 갖추고 KYC/AML을 원활하게 제공한다. 각 플랫폼마다 자체 프로토콜이 있는데 Polymath: ST-20, Harbor: R-Token, Swarm: SRC-20, Securitize: DS 등이 존재한다. 이러한 프로토콜을 통해 적법한 규제를 준수하며 신원이 검증된 주체만 Whitelist에 등재되고, 이들에게만 시장참여가 허용되는 방식이다.

Polymath(폴리매스)는 2017년 설립되어 폴리매스 유틸리티 토큰으로 ICO를 해서 자금을 모았으며 ST-20 기반으로한 증권형 토큰 발행 플랫폼 구축을 목표로 하고 있다. 채권과 주식 같은 전통적 자산을 증권화하기 위한 법적, 기술적 솔루션 제공을 준비중이며 KYC기관, 스마트 컨트랙트 개발자, 법률고문 등 증권형 토큰 개발의 기반을 제공하고 있다.

2017년 설립된 하버(Harbor)는 R-TOKEN을 기반으로 한 증권형 토큰 발행 플랫폼으로 ICO를 통해 자금을 모집했다. 전통적인 투자기관이 쉽게 접근 가능한 오픈소스 증권형 토큰 플랫폼이다. 규제를 준수하면서 증권, 채권, 부동산 등의 합법적인 토큰화가 가능하다.

스웜(Swarm)은 2018년도 설립된 SRC-20 기반으로한 증권형 토큰 발행 플랫폼이다. 부동산, 농업, 기술회사 및 에너지 등의 자산을 토큰화 한다.

시큐리타이즈(Securitize)는 DS(Digital Securities) 프로토콜을 기반으로한 증권형 토큰 발행 플랫폼이다. 증권형 토큰 발행사를 위해 투자자의 신청부터 자본 모집까지 처리하는 end-to-end 증권형 발행 플랫폼이다.

새롭게 등장한 STO 플랫폼 외에도 기존 증권형 크라우드 펀딩 업체도 증권형 토큰 발행 진출을 활발히 하고 있다. 기존 증권형 크라우드 펀딩 업체는 이용자를 다수 보유하고 있다는 것과 실무

경험이 있다는 것이 강점이다. Indiegogo는 Templum과 협력해 Aspen Resort 부동산을 토큰화해서 1800만 달러를 모집했다. 골드만삭스가 투자한 디지털자산 금융기관 Circle은 증권형 토큰 발행 시장을 선점하기 위해 Seed Invest를 인수한 바 있다. 이런 곳들은 기존 경험을 살려 신규 STO 플랫폼과 경쟁할 것으로 예상된다. Start Engene은 증권형 크라우드 펀딩 플랫폼으로 기존 증권 산업계와 블록체인 스타트업과의 경쟁지도가 어떻게 그려질지 귀추가 주목된다.

유통관련 시장에서 선도적인 업체들은 tZero, Open Finance Network, Templum, Sharepost, Coinbase 등의 거래소 및 Bancor와 같은 유동성 공급자가 있다. 유틸리티 토큰 시장에서도 거래소들이 토큰 시장의 중심역할을 했는데 증권형 토큰 시장에도 거래소들이 가장 큰 수혜를 볼 가능성이 있다. 하지만 유틸리티 시장의 거래소와는 다르게 증권형 토큰을 취급하기 위해선 국가가 발급한 라이선스를 보유해야 한다. 기존 유틸리티 토큰 거래소들은 아무런 규제나 조건 없이 우후죽순 생기면서 많은 부작용을 낳았는데 증권형 토큰 거래소들은 엄격한 기준으로 이런 부작용이 낮아질 것이다.

미국에서 증권형 토큰 거래소를 운영하기 위해선 ATS 라이선스가 필요한데 이 과정에서 자금력이 부족하거나 기준에 부합하지 못하는 기업들은 거래소를 시작하는데 많은 제약이 생기게 된다. 증권형 토큰 거래소는 라이선스뿐만 아니라 높은 수준의 블록체인 기술도 필요하다. 유틸리티 토큰 거래소는 단순 토큰 중개만

했기 때문에 진입장벽이 낮았다면 증권형 토큰 거래소는 블록체인에 기반해 운영돼야하기 때문에 기술적인 진입 장벽이 있다. 증권형 토큰 거래소의 궁극적인 목적은 전통적 증권거래소의 단점을 블록체인기술을 활용해 극복하는데 있다. 예를 들어 현재 전통적 증권거래소를 통해 주식을 매수하고 매도를 한다고 하더라도 대금결제만 이루어지지 실제로 주식이 이동하지는 않는다. 주식의 실물은 예탁결제원에 있고 주식을 매매하는 사람들끼리 대금만 결제하기 때문이다. 또한 주식을 매도한다고 하더라도 내 계좌에, 주식을 매도한 현금은 체결일부터 며칠 뒤에 들어온다. 블록체인을 활용했을 경우 매매에 대한 효율성을 높여줄 수 있다. 증권형 토큰 시장이 커질수록 기존 증권거래소들의 진출도 박차를 가할 것이다. 2015년 나스닥은 블록체인을 활용해 비상장 주식을 취급하는 Linq를 출시했고 각 국가별 증권거래소들도 블록체인 기술을 활용하고 있다.

- STO (증권형 토큰) 전망

증권형 토큰의 성장성은 의심의 여지가 없다. 하지만 그 속도나 시기는 의견이 다르다. 이를 결정짓는 것은 기관들의 참여인데, 기관들의 참여는 시장의 규정이 확립되어 있지 않으면 쉽지 않기 때문에 무분별한 장밋빛으로만 보기에는 현실적인 한계가 있다. 향후 다양한 증권형 토큰이 발행되고 유통되는 사례가 나올 것이고 여기에 따른 정부의 대응책도 함께 지켜봐야 한다. 특히 한국의 경우 미국과 선진국 정부의 규제정책을 확인한 후에, 입장을 표명할 가능성이 크기 때문에 국내는 해외에 비해 느린 성장속도를 보일 것이고, 국내 STO 프로젝트 또한 먼저 규제를 완화해 주는 해외 쪽으로 눈을 돌릴 가능성이 커 보인다.

증권형 토큰은 언제 활성화될까?

증권형 토큰의 발행 목적은 신생 기업 자금 조달과 자산유동화 두 가지로 구분할 수 있다. 증권형 토큰을 발행하지 않더라도 전통 자본 시장을 통해서 두 가지 목적을 모두 달성할 수 있다. 가령 자금을 조달하기 위해 신생기업은 증권형 크라우드 펀딩 및 벤처 캐피털을 이용하면 되고, 자산을 유동화하려는 주체는 ABS(Asset-Backed Securities, 자산 유동화 증권)를 발행하면 된다. 따라서 증권형 토큰 시장이 유의미하게 성장하기 위해서는 기존의 전통적인 자본시장 대비 더 나은 이점을 주어야 토큰 시장이 활성화 될 수 있다.

증권형 토큰의 기존 시장대비 장점과 한계

증권형 토큰은 거래 효율성 증가, 비용 절감, 컴플라이언스 자동화 등의 장점이 있는데, 기존 증권시장보다 이러한 부분에서 뛰어날 것이라는 기대는 있지만 실제로 이런 것들이 얼마나 빠르게 안착될지는 알 수 없다. 이상의 것들이 실제로 구현되고 증권형 토큰 생태계가 성숙해지기 위해서는 시간이 필요하다.

증권형 토큰이 활성화되기 위한 요건은?

증권형 토큰시장의 성장에 대한 전망은 많다. 하지만 성장에 대한 전제조건이 필요하다. 바로 기관 자금의 유입이다. 기관자금이 유입되기 유해서는 1)명료한 규제 확립, 2)국제적 표준, 3)인프라 성숙, 4)신뢰도 높은 전통 금융기관 참여라는 조건이 모두 충족되어야 하는데, 그러기 위해서는 시간이 필요하고 2020년 이후가 되어야 어느 정도 윤곽이 잡힐 것으로 예상된다.

STO발행 트렌드는 어떻게 흘러갈까?

신생기업의 자금조달 수단보다는, 자산의 유동화 수단으로 흘러갈 가능성이 크다. STO는 ICO 대비 절차가 복잡하고 비용이 많이 들어갈 뿐 아니라 전통적인 자본 시장에서의 신생기업 자금조달 방안(증권형 크라우드 펀딩, 벤처캐피탈 등) 대비 아직은 충분한 인프라가 갖춰지지 않아 매력도가 떨어지기 때문이다. 또한 블록체인 산업에 속하지 않은 신생 기업은 익숙지 않은 토큰 발행을 고려할 가능성이 낮다.

증권형 토큰 현행법으로 적용 가능할까?

STO 에 국내법이 적용되는지 확인하려면 발행한 증권형 토큰이 자본시장법상 '금융투자상품'에 해당하는지 검토해야 한다. 자본시장법 제3조에는 금융투자상품을 '이익을 얻거나 손실을 회피할 목적으로 현재 또는 장래의 특정 시점에 금전, 그 밖의 재산적 가치가 있는 것'이라 규정하고 있다. 증권은 이 금융투자상품의 종류 중 하나이며 채무증권, 지분증권, 수익증권, 투자계약증권 등으로 구분된다. 우리나라에서 증권형 토큰이 수익증권이나 투자계약증권 형태로 발행될 가능성은 실무상 상대적으로 낮다. 수익증권은 라이선스가 필요한 신탁업자만 발행이 가능하고, 투자계약증권은 보충성 때문에 현재까지 발행된 예가 없기 때문이다. 정식 인가를 받으려면 금융위에 신고해야 하지만 신고서가 수리된 사례가 없어 인가를 받을 수 있을지는 불투명하다. 따라서 가장 중요한 포인트는 실제 인가를 받지 않아도 발행할 수 있는 법을 활용한 STO사례가 설득력이 있다.

증권을 통한 자금모집은 일반공모, 소액공모, 크라우드 펀딩, 사모 등이 있다. 먼저 일반공모는 10억 이상 자금을 모집 또는 매출하는 방법인데 일반공모는 금융위 증권신고서 수리 이후 가능하기 때문에 현 금융위가 명확한 입장표명을 하기 전까지는 승인을 받기 어려울 것으로 전망된다. 소액공모, 크라우드 펀딩, 사모투자 형식은 금융위의 증권신고서를 수리하지 않아도 진행될 가능성이 있다.

2019년1월8일 자본시장법 시행령 개정안이 국무회의를 통과했는데 크라우드 펀딩을 통해 연간 모집할 수 있는 금액이 기존 7억에서 15억으로 확대되었다. 또한 기존 투자자들의 투자한도 요건도 완화되어 크라우드 펀딩 투자를 2년간 총5회 이상, 1500만원 이상 투자를 해본 일반 투자자의 경우 적격투자자로 인정되어,

연간 투자한도가 기업당 1천만원, 총2천만원까지 상향되었다. 소액공모의 경우 10억 미만으로 모집 또는 매출이 가능하다. 금액제한 없이 투자자를 모집할 경우는 사모투자형식으로 모집해야 하며, 대신 전문투자자 및 50인 미만의 일반투자자 대상으로 모집해야 한다. 유틸리티 토큰의 경우 투자모집에 대한 제한이 없기 때문에 해외법인 설립 비용이 들더라도 해외법인 설립을 통해 ICO를 했지만, 소액공모나 크라우드 펀딩의 경우 자금조달규모가 작아 해외법인 설립을 통한 STO는 실익이 없다. 따라서 국내에서 규정된 조건으로 제한된 펀딩을 받는 소규모 STO가 주류를 이룰 가능성이 크다.

- STO (증권형 토큰)의 구조

자금조달형, 자산유동화형, 프로젝트개발형이 있다.

ABS구조

ABS는 새로운 유동화기법으로 꾸준한 성장세를 보였다. 실제로 1985년부터 2008년 금융위기가 발생하기 직전인 2007년까지 미국 ABS시장 규모는 매년 39% 성장했다. 금융위기 이후 ABS시장은 타격을 받았지만 이후로 ABS는 신용카드, 자동차 대출, 학자금 대출, 부동산 등 다양한 분야에서 꾸준히 증가하는 추세이다. ABS와 자산유동화 증권형 토큰은 자산을 유동화 한다는 측면에서 유사한데 후자는 블록체인에 기반 한다는 점이 큰 차이이다.

ABS는 다양한 이해관계자가 얽힌 복잡한 상품 구조 및 정보 비대칭성으로 꾸준히 문제가 제기되어왔다. 이러한 ABS중 부동산 ABS시장에서 정보의 불투명성과 전통 금융기관의 도덕적 해이로 2008년 금융위기가 촉발되었다고 볼 수 있다. 주목해야 할 점은 블록체인이 ABS 시장의 효율성을 개선할 잠재력이 크다는 점이다. 분산형 원장에 위조 불가능한 거래 기록을 남기고, 스마트 컨트랙트를 활용해 수시로 담보 자산 및 채무자의 정보를 파악해 이상 징후를 미리 파악할 수 있다. 또한 불필요한 작업을 줄여 각종 비용 및 시간을 단축할 수 있다. 향후 증권형 토큰 시장에 기관 참여가 확대되면 기존 ABS의 토큰화 및 기존 시스템에서 블록체인으로의 전환이 가장 큰 부분을 차지할 것이다.

국내 STO진행 절차

법무법인 한별의 권단 변호사가 작성한 국내 STO 업무에 대한 자료를 바탕으로 알아보도록 하겠다. STO의 절차는 첫 번째 STO 기획단계이다. 먼저 STO의 유형을 확인해야 한다. STO는 자금조달형, 자산유동화형, 프로젝트개발형이 있다. 자금조달형은 자산 보유/유동화 여부와 무관하게 기업의 운영자금 조달 목적으로 증권형 토큰을 발행하는 것이다. 자산유동화형은 현새 보유중인 자산인 주식이나 부동산, 미술품, ABS 등을 토큰화해 유동성을 높이고 이것을 통해 자금을 모집하는 것이다. 프로젝트개발형은 사업계획 및 자산 활용 프로젝트의 운용을 하는데 발생하는 사업권을 토큰화해 투자를 모집하는 방식이다.

STO 자금조달 방식

STO의 자금조달 방식은 일반 공모, 소액공모, 크라우드 펀딩방식, 사모방식이 있다. 일반 공모는 10억 이상 모집 및 매출을 하는 방식으로 일반 공모는 금융위 증권신고서 수리 이후 가능하기 때문에, 실제로 진행을 하는데 금융위의 입장에 따라 진행이 어려울 수 있어 난관이 예상된다. 소액공모는 10억 미만 모집 또는 매출을 하는 방식이고, 크라우드 펀딩은 온라인 소액중개업자를 통한 자금모집인데 7억에서 15억으로 상향되어 STO자금조달 방식 중 가장 활발한 자금모집 형태가 될 것으로 예상된다. 사모는 금액제한이 없는 대신 전문투자자 및 50인 미만 일반투자자를 대상으로 투자 모집 권유를 해야 한다. 사모의 경우 실제 투자자 숫자가 아닌 청약 권유를 받은 사람의 숫자가 기준이 된다.

STO구조 설계

자금조달형은 지분증권, 채무증권의 의결권, 배당, 옵션, 상환권, 전환권 등의 조건을 설계해야 한다. 증권에 대한 다양한 권리가 있기 때문에 이러한 조건을 어떻게 설계하느냐에 따라 토큰의 가치가 변경되므로 각 증권의 권리에 대한 평가가 필요하다.

자산유동화형은 자산소유권과 토큰소유권을 연동해 구조를 설계해야 한다. 토큰화 대상이 되는 자산의 소유권을 양도, 양수, 위탁, 관리, 운용, 처분 등의 구조를 설계해야 한다. 부동산 등의 자산의 소유권을 토큰 투자자에게 일일이 등기하는 데에 따른 비용이 막대하기 때문에 SPC 설립을 통해 소유권을 이전하고 SPC의 지분을 토큰형태로 양도하는 계약구조를 설계해야 한다.

프로젝트개발형은 특정 프로젝트(특허제품, 드라마, 영화, 캐릭터, 애니메이션, 게임, 앱, 음반 등) 상품의 관리, 운용, 처분 구조를 설계한다. 이후 프로젝트를 기획, 개발, 제작, 생산 및 소비를 위한 SPC 설립 및 관계 회사와 계약 구조를 설계한다.

Pre-STO 단계 : 스마트 컨트랙트 개발, 코딩, 감수

증권형 토큰 발행 프로토콜을 선택하거나, 발행회사가 직접 증권형 토큰 발행을 위한 스마트 컨트랙트를 설계해야 한다. 현재 한국에서는 코드체인(Codechain)이 증권형 토큰 발행을 위한 메인넷을 최근 출시한 상태이다. 다만 전자증권법이 올해 하반기 시행되면 증권형 토큰 발행 플랫폼을 업으로 영위하기 위해서는 법무부장관 및 금융위로부터 전자등록업허가를 받아야 하는 제약이 생기게 된다. 개별 STO의 주요 조건(락업기간, 적격투자자 제한 등)을 스마트 컨트랙트 코딩으로 반영한다.

이후 개별 STO 증권 조건이 스마트 컨트랙트에 적법하게 코딩되었는지 법률적/기술적 감수가 필요하다. 또한 STO 프로토콜은 발행 뿐 아니라 유통 시장에서의 상호운용성에도 영향을 미치므로 해당 국가의 증권시장에 적합한 프로토콜이면서 동시에 향후 많은 금융투자업자들과 거래소가 채택할 가능성이 큰 프로토콜을 선택하는 것이 필요하다. 국내에서는 Codechain이 최근 메인넷을 출시한 것으로 알려져 있고, 해외에서는 폴리매스, 하버, 시큐리타이즈, 스왐 등이 각각 ST20 / R-Token / DS-Protocol / SR20 등 프로토콜을 개발하여 플랫폼 경쟁을 하고 있다.

STO 사후 관리 단계

증권형 토큰의 본질상 자본조달형 STO 경우에는 투자자에게 이자, 배당, 수익 등 약정한 이익을 배분하기 위해 STO 기업은 수익이 발생할 수 있도록 회사경영에 최선을 다해야 한다. 자산유동화형 STO 경우에는 해당 자산의 관리, 운용, 처분이 투명하고 적정하게 이뤄지도록 감사 및 공시를 철저하게 이행해야 한다.

프로젝트 개발형 STO 경우에는 프로젝트의 기획, 개발, 제작, 생산, 유동, 소비 과정에 대한 공시와 프로젝트로 개발한 자산의 운용, 처분, 청산을 진행함에 있어 사업주체 SPC 및 관계 회사들에 대한 감사와 역할 분리 등에 유의해야 한다.

유통시장관리

크라우드 펀딩 및 사모의 경우 락업기간(보호예수/전매제한)관리가 필요하다. 사모는 적격투자자 간의 거래에 대해 확인 및 관리가 필요하며, P2P 거래시 양수인을 상대로 한 KYC/AML 절차 수행이 필요하다. 증권형 토큰 거래소나 투자중개업자 등이 증권형 토큰 거래를 위한 금융위 인가를 받기 전까지는 P2P거래만 가능할 것으로 보인다. 이에 필요한 주주명부 및 장부관리, 사고증권 처리, 명의개서 및 질권 등록 처리 업무, 주주확인증명 및 제신고 업무 처리 등이 STO 프로토콜 및 블록체인 기록 거래내역과 조화를 이루도록 운영이 되어야 한다.

국내 증권형 토큰시장 전망

증권형 토큰 발행시장의 경우 등록제 혹은 인가제를 통해 민간 기업에 사업을 허용할 가능성이 있다. 그러나 증권형 토큰 유통 시장에 민간 기업들이 참여할 수 있을지는 불투명하다. 한국거래소의 독점적 지위 때문이다. 대체거래소 ATS가 활성화된 해외와 달리 국내는 한국거래소가 증권 유통시장을 사실상 독점한다.

2013년 자본시장법 개정 이후로 국내에서도 ATS 설립이 가능해졌지만 지금까지는 사례가 없다. 대체거래소에 대한 필요성 및 논의는 예전부터 있었지만 여태껏 별다른 진전이 없는 상황이다. 증권형 토큰 역시 민간 기업이 아닌 한국거래소가 운영하는 KSM(Korea Startup Market)에서 취급할 가능성을 배제할 수 없다. 실제로 2018년 KSM의 거래대금은 2억5천만 원에 불과하고 이후 큰 변화는 없는 상황이다. 만약 증권형 토큰 유통을 한국거래소가 독점적으로 취급하고 민간 기업의 참여를 배제한다면 혁신을 위한 경쟁을 제약하고 시장의 비활성화를 초래할 수 있다. 한국 거래소의 자회사 한국예탁결제원은 국내 증권 수탁업무를 독점하고 있다. 디지털 자산이 본격적으로 제도화된다면 한국예탁결제원이 증권형 토큰 관련 수탁업무를 처리할 가능성이 있다.

참고문헌

https://coinrating.co/guide-launching-ICO/

https://waveslabs.com/manual/

https://qd.ie/creating-ICO-white-paper/

https://thecoinshark.net/how-to-conduct-a-successful-ICO/

https://www.cointelligence.com/content/ICO-101-all-you-need-to-know-about-creating-an-ICO/

https://www.lexology.com/library/detail.aspx?g=3a5a5832-834f-415d-8651-7c831de85d0a

https://blockchainhub.net/cryptoeconomics/

https://www.coindesk.com/tokens-crowdsales-startups/

https://qd.ie/how-to-ICO-marketing-strategy/

https://ICOdashboard.io/ICO-knowledge-base/tokenomics/

https://www.cointelligence.com/content/ICO-101-all-you-need-to-know-about-creating-an-ICO

https://www.weforum.org/agenda/2018/04/questions-blockchain-toolkit-right-for-business

https://s3.eu-west-2.amazonaws.com/blockchainhub.media/Blockchain+Technology+Handbook.pdf

https://medium.com/@FEhrsam/blockchain-governance-programming-our-future-c3bfe30f2d74

https://medium.com/amazix/amazix-assessments-ee35fb463e85

https://qd.ie/best-ICO-listing-sites-guide/

https://cointelegraph.com/ICO-101/where-to-issue-ICO-tokens-platforms-review#ethereum

https://medium.com/plutus-it/the-benefits-of-the-ethereum-blockchain-f332e62f7659

자료 출처 관련 : 공동 저자 3인이 방대한 국내외 학술/언론/온라인 자료 등을 장기간에 걸쳐 취합하는 과정에서 일부 자료의 원저작자를 확인하지 못 한 채 본서에 인용했을 수 있습니다. 원저작자께서 연락주시면 출처표기 등 속히 조치해드리겠습니다.

오경택 okt1627@naver.com

대학에서 법학을 전공을 했다. 유안타증권에서 투자전문가로 10년간 근무를 하면서 금융시장과 트레이딩 시장에 대한 실전 경험을 했다. 주식 시장과 금융시장의 변천사를 경험하다가 비트코인 등 암호화폐와 블록체인의 비젼을 보고 증권업계에서 블록체인 업계로 이전을 한다. 2017년에 암호화폐 arbitrage 트레이딩 회사 운영을 하면서 전문분야였던 트레이딩에 암호화폐를 접목시켰다. 그이후 글로벌 암호화폐거래소 후오비 코리아에서 기획업무를 총괄했다. 현재 블록체인 엑셀러레이팅 및 마케팅사 블록노드커뮤니케이션즈에서 COO로 활약하고 있다.

정윤성 jeongpb@gmail.com

교보문고 경제경영분야 베스트셀러 15주 차지했던 '부자들이 말하지 않는 돈의 진실'과 8주간 베스트셀러를 차지했던 '부자들의 시크릿코드 631'저자이다. 유안타증권 본사에서 대기업 CEO 등 VVIP 고객들의 자산을 컨설팅하는 업무를 했다. 블록체인과 암호화폐 전도사로서 현재 '토마토TV 슬기로운 코인생활'과 디지틀조선TV '올댓코인'에 출연하고 있다. 현재는 블록노드 커뮤니케이션즈에서 엑셀러레이팅팀장 업무를 하면서 프로젝트의 ICO, STO, IEO 등에 관한 컨설팅 업무를 하고 있다.

권용범 yblkwon@hotmail.com

중국 상해교통대학교 재료공학과를 졸업했다. 주식회사 엔트로피 트레이딩 그룹 중국 비즈니스 매니저로 활동하면서 암호화폐 트레이딩에 대한 실전경험을 쌓고, 중국 네트워크 기반을 살린 블록체인 비즈니스 업무를 주로 했다. 블록노드커뮤니케이션즈 엑셀러레이팅 매니저로 활동을 하면서 중국을 중심으로 한 글로벌 스타트업들의 블록체인 프로젝트에 관한 백서컨설팅부터 거래소 상장 업무까지 전반적인 컨설팅 업무를 진행했다.

법률 자문 : 권 단 변호사 dank@hanbl.co.kr

사법시험 42회 (2000)
사법연수원 32기 수료 (2003)

법무법인(유) 한별 벤처스타트업지원센터장
법무법인(유) 한별 STO 법률자문팀장

서울대 국제경제학과 졸업 (1996)
KAIST 미래전략대학원 지식재산대학원프로그램(MIP) 공학석사 (2014)

㈜네오위즈홀딩스 사외이사 겸 감사위원 (2017~현재)
서울과학종합대학원대학교 MBA 겸임교수 (2014~2019)
사단법인 오픈블록체인산업협회 이사 (2018)

중소벤처기업법포럼 상임이사 (2019~)
디센터 콜로키움 고정 패널 및 발표자 (2018~2019)

코인커스터디 주식회사 CO-Founder 겸 CLO (2018~)

WITH Project, TEMCO, DECENTERNET, METACOIN, ITAM GAMES 등
블록체인 암호화폐 스타트업 법률 자문

ICO STO 스타트업 펀드레이징의 새로운 대안

암호화폐 발행해서 블록체인 사업하기

지은이 | 오경택. 정윤성, 권용범
자　문 | 권　단 변호사

발행일 | 2019.6.30
발행처 | 부코_북키앙_만물상자
ISBN | 978-89-90509-50-5　　93560

출판 등록번호 | 제22-2190호
출판 등록일자 | 2002.08.07

홈페이지 | www.booko.kr
트위터 | @www_booko_kr

전화 | 010-5575-0308
팩스 | 0504-392-5810
메일 | bxp@daum.net

IEO

Initial Exchange Offering

STO

Security Token Offering